U0093674

How Winning Works

8 Essential Leadership Lessons from the Toughest Teams on Earth

紐約時報暢銷書

極限領導學

蘿蘋．班妮卡莎 著

Robyn Benincasa

黃書英 譯

極限越野專家

教你打造最強悍的工作團隊

人生這一趟旅程的目的，

不是要帶著那副保存得完美無暇的身體、

安然無恙地抵達墳墓；

而是要一路跌跌撞撞，

徹底筋疲力竭、心力交瘁，

並且大聲地宣告：

「哇，多麼精彩的一趟旅程！」

——蘿蘋・班妮卡莎（Robyn Benincasa）

目次

起跑線

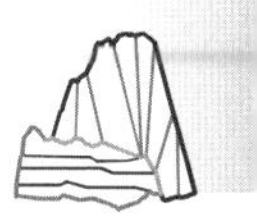

厄瓜多高盧越野賽（Raid Gauloises Ecuador）
1998 年 9 月
科多伯西火山（Cotopaxi Volcano）
海拔 4,500 公尺

那天大約是凌晨一點，我們在科多伯西火山海拔 4,500 公尺山腰處的一間小屋裡待了四個小時，依偎在一起，一邊休息，一邊準備踏上最後 1,500 公尺的攻頂之路。我的隊友—羅伯特·那戈（Robert Nagle）、約翰·賀華德（John Howard）、伊恩·亞當森（Ian Adamson），以及史蒂夫·葛尼（Steve Gurney）—安穩地躺在我身旁打呼著。但是，自從我們踏入這間小屋後，我就不停地哭泣，無法自已。我哭，除了因為這是我唯一能補充氧氣的辦法，也因為我以為自己再繼續爬下去就必死無疑。

我們這支名為「所羅門—普里西度」（Salomon-Presidio）的隊伍，在海拔 4,300 公尺高處行進了三天，期間只睡了兩小時。而且，當我們拖著疲憊蹣跚的步履抵達轉換區時，雖然領先其他隊伍，但是法國隊緊追在後。我們抵達轉換區的時候，醫生和賽會主辦方已等候在那兒。他們看了我們一眼，便命令我們和法國隊都進入一間小屋躺下休息數小時，並要求我們在凌晨一點前都不准展開下一階段攻頂。看樣子很明顯，大家的情況都不妙。我們的身體狀況都不好，而且我是最糟的一個，不但氣若游絲，身體還因為缺氧而發青。

我們即將攻上這座海拔高達 6,000 公尺的火山，從這裡登上頂峰，一般要花上一週的時間。這在越野賽史上算是最極限冒險的挑戰，也是一個超乎一般人所能理解和想像的目標。這是一場費時九天、不眠不休的遠征探險競賽，第一階段的賽程是從海拔 4,300 公尺處開始，要在零下低溫的環境中行進 120 公里。此時，比賽才剛進行到一半。

為了安全起見，主辦方決定在我們展開下一階段攻頂之前，檢測所有選手的血液含氧量。如果有選手的含氧量低於 70%，他們不但無法繼續，整個團隊還會被處以五小時的罰時。獲准繼續參賽的團隊，在海拔 5,500 公尺處還有一個關卡，如果團隊中有任何選手無法闖過那個關卡，整個團隊不但會被處以兩小時的罰時，選手還必須像隻敗犬般，夾著尾巴垂頭喪氣地回到山下。無論如何，每一組團隊到最後至少要有三名選手留下繼續攻頂，否則整個團隊都會被淘汰。

所以，對我們而言，70%的含氧量就是一個決定成敗關鍵、甚至可能定生死的神奇數字。在現實生活中，我從事消防工作，也是個緊急醫療救護技術員，因此明白含氧量過低的危險。如果含氧量低於 95%，表示身體已經亮紅燈了。如果含氧量已到 80%，已經離鬼門關不遠了。含氧量一旦低於 90%，就要緊急呼叫救護車送醫救治。如此看來，70%似乎可說是眾望所歸的評判標準。我從沒看過有人的含氧量低於 70%還能站著（而且還在哭），所以，我有理由相信自己不可能低於 70%。

醫生和賽會主辦方突然出現在小屋門口，帶著血氧監測儀，於是大家排好隊等著檢測。一個接著一個，每位選手都將食指伸入感應器，等待數秒後，醫生便宣布每位選手的檢測結果：「90%……88%……87%……92%……」每個人都通過了繼續參賽的資格。我排在最後一個，因為我很害怕。

醫生一面示意我上前，一面說：「如果妳低於 70%，我們就不能讓妳繼續。」

我點點頭。取下手套時，我的雙手都在發抖。我伸出手指，讓他用儀器檢測我的含氧量。

約翰、羅伯特、伊恩和史蒂夫在一旁來回踱步著等待結果，而我依然在發抖。

「71%。」醫生一面宣布結果，一面搖著頭，他們沉默不語。監測儀上的數字閃閃發光，像是在大聲宣判：一旦離開這間屋子，妳可能就回不來了。這一生中，我從沒這麼害怕過。對於我這樣一個在平地長大的女生來說，這座山的海拔高度實在令人難以招架。我知道，跟全世界最厲害的團隊一起參加高地越野賽，是一件不可思議的事，我仍心存一絲自己有能力做到的希望。但現在，因為身體衰弱，我的希望幾乎要破滅了，儘管還是抱著一絲絲希望。在不被看好的情況下，我的血液含氧量仍達 71%。但是，這樣的身體狀況還能支撐多久？我自己都不太確定。

我看著隊友，希望他們有人會跳出來說：「嘿！這不值得冒險。妳就留在這溫暖的小屋裡，我們接受大會罰時五小時吧！」但是，沒有人出聲，只是默默地站著等我做決定。這些隊友都是我的英雄，他們都是體育界的傳奇人物。自從 1994 年開始涉足體育競賽以來，我就一直關注他們的生涯賽事。當我得知他們決定挑選我做為他們的指定女隊員時，我高興得從客廳的沙發上跳了起來，腦袋還撞到天花板。這真是一件了不得的事，是證明自我的機會。在選擇我做為隊員這件事情上，我要證明我的英雄做了正確的決定；而我也下定決心，絕不會讓他們失望。

我問他們：「各位，你們可以在我身上綁上繩子，把我拉到 5,500 公尺高處的關卡嗎？這樣，我們就只會被罰時兩小時。」

這就是我們想到的對策。這不是聰明的辦法，或甚至不是個好辦法，但是套句約翰說的：「至少這是個辦法。」確切地說，史蒂夫、約翰、伊恩和羅伯特要用登山繩索套住我的安全帶，拖著我這半死不活的身體，在科多伯西山腰處再爬高個 1,000 公尺，然後讓我獨自一人留在關卡。他們則繼續攻頂，如此才能保住參賽資格。

還沒反應過來時，我就已經全副武裝，準備踏上一場冰川之旅，就這樣朝著大雪紛飛的黑夜前進。由於我是全隊最虛弱的一個，所以被安排在隊伍中間的位置；如果我倒下，前後的隊友還是能竭盡全力，堅守各自崗位。當時，除了驚慌失措，我已不記得其他事情了。當你無法呼吸時，所有事情都變得更加恐慌。除了自己的身體不聽使喚、無法動彈之外，被迫完全放手依靠其他隊友，也令人感到害怕。我們花了整晚的時間攀越冰川，狂風暴雪中看不見道路，以蝸牛般的速度向上攀爬。當太陽升起、為科多伯西火山嶄新的一天揭開序幕時，我抬頭看到一群人在前方等著我們。

我們登上海拔 5,500 公尺處了。

抵達關卡時，我們五人全跪下了，我雙手掩面痛哭。這時，周

圍颳起了陣陣旋風，像是吹起小型龍捲風，我的身體也禁不住地隨風搖晃。當時，我的內心只想著，到底要如何獨自一人下山。除了我，隊友們都要繼續攻頂，但我卻要被困在這半山腰，必須在一絲體力和一滴水都不剩的情況下獨自下山。我該怎麼辦？用屁股滑下山嗎？或是他們會幫忙推我一把，讓我用滾的下山？

這時，伊恩走向我：「妳準備好了嗎？」

「但我要怎麼下山？」問他的同時，我還在掩面哭泣。

「下山？噢，看來還沒有人告訴妳。妳要繼續攻頂，只有妳、我和史蒂夫三人。」

於是，我終於將我的雙手從臉上移開。就在剛才，我還想躲在雙手後面，以為這樣就可以逃離害怕和痛苦，以及自己正在一座活火山山腰上垂死掙扎的事實。我抬頭發現自己被一堆電視台攝影機包圍著，一個特大的黑色攝影鏡頭直逼我的臉，正在拍攝我聽到伊恩告知我消息後的反應。我試著不去理會攝影機，將注意力集中在伊恩身上，努力用缺氧的腦袋理解他剛剛說的話。還有，除了不由自主地發抖之外，似乎有其他東西在搖晃我的身體。接著，我感到有隻手搭在我的肩膀上，那是羅伯特。

「醫生不准我和約翰繼續，因為我們有高地肺水腫之類的問題。」他臉色蒼白地說：「聽我說，妳必須繼續。妳可以辦到的，我知道妳可以做到。」

「我知道妳可以做到」。聽到這句話之前，我就只像個飽受驚嚇的聖地牙哥小女孩，只希望不要搞砸了整個團隊。但是，就在這生死一瞬間的時刻，當我看著羅伯特的眼睛聽到這一番話，也看到他確實相信我能為團隊攻上科多伯西火山頂峰，並且看到隊友們緩慢但有信心地點頭表示同意時，我已然是個世界越野賽冠軍了。全世界最棒的選手對我有信心，而且不是為了哄我開心才這麼說。隊友對我的信念，不僅當場改變了我的心境，也改變了我的身體狀況。他們的信念讓我脫胎換骨。一分鐘前，我才跪倒在雪地裡，低頭掩面哭泣；下一分鐘，我已是昂首望向山頂，頻頻點頭答應。

因為雙腳站不穩，我陷入雪地裡幾公分深，突然感到有雙手抓住我的手臂扶我一把。身旁仍有攝影機跟著我，拍下我的一舉一動。

「我可以做到。」我宣布。真的可以，就算當時雙手雙腳其實已經麻木了，就算已經出現肺炎初期症狀了。當時我已經發高燒達攝氏 40 度，還咳出軟綿綿、狀似拼圖的綠色異物，但我必須繼續。我會用攀山繩扣住安全帶，把自己和另外兩位隊友繫得牢牢的。我會戴好雪鏡，抓緊雪帽，攀登最後剩下的 500 公尺。這不僅僅是為了羅伯特和約翰，也為了那個被我扔在 5,500 公尺高處、飽受驚嚇的虛弱小女孩，還有我的團隊。

就這樣，史蒂夫、伊恩和我繼續攀爬。我們爬了又爬，每個人都專心一意、全心全意地攀爬著。我們側著身子，以交叉步伐的方式移動，這樣冰爪才能扣住被冰雪覆蓋的陡峭斜坡，步履維艱地以每分鐘十步的速度攀爬。我們每個人一手拿著破冰斧，另一手拿著登山杖，讓我們在雙腳逐漸不聽使喚時，還能藉助雙臂的力量繼續移動。伊恩幾乎是把我一路拖上山的，史蒂夫殿後。我努力將注意力集中在每一個蹣跚、艱難的步履，但同時還是會想到我的同伴。我不會讓他們失望，不會倒下，不會失敗，不會停下，也不會放棄。

我不允許自己抬頭往上看，害怕自己會因為看不到那遙不可及的山頭而感到失望。一次一腳步，一步又一步。但我想躺下！不行，妳不能……再一步……不能讓羅伯特和約翰失望。要堅強，但我不夠堅強。不，妳可以的。在內心交戰下，我不停地反覆告訴自己，只要再一步就好，但好像永遠走不完。從上午走到下午，還有更多山路要爬。眼前已是白茫茫一片，無邊無際。我的臉因脫水而發燙，耀眼的雪光也令人感到刺痛。加入全世界最棒的團隊，參加地球上最極限的越野賽，就像是置身天堂的同時，也承受著超乎想像的煉獄煎熬。這是比賽中的最後緊要關頭，也是選擇帶著什麼樣的心情歸營、度過餘生的一刻：是要凱旋而歸，還是抱憾終生。然而，這幾個小時下來，我還不知道答案。

幾乎要崩潰時，我仰望天空，不論是實質上、精神上或情緒上，都想要找到一個象徵一切都會好轉的徵兆，一個可以讓我活下去、結束痛苦的徵兆。就在那裡，在一片白茫茫的盡頭，是太陽和一片漂亮的藍天，那是山頂。我還有好幾百公尺的崎嶇山路要爬，但我會做到的。隊友們相信我，我不能讓他們失望。他們無條件地信任我，在經歷三天不眠不休的賽程後，就是這股信念，將我推上安地斯山脈最高峰的頂端。

抵達海拔 6,014 公尺的關卡時，伊恩、史蒂夫和我互相搭著臂膀，圍成一個小圈圈為彼此加油打氣。在這無聲勝有聲的時刻，我們感謝著這趟令人心力交瘁的旅程，感謝著相信我們的朋友。一起站在世界頂端的這一刻，我們將會永生難忘。這時，我哭得更厲害了。

然後，我們轉身下山。畢竟，比賽還沒結束，還有 400 公里長的賽程要繼續。

接下來五天，我們繼續馬不停蹄地與法國隊互相較量，騎著越野車穿越厄瓜多叢林，在激流中泛舟、划艇，徒步跋涉到腳底起水泡。我們花了 9 天 7 小時又 51 分鐘抵達終點，成為第一支贏得國際越野賽的美國隊。

這是第一次和我的英雄參加越野賽，我從中學到了許多東西。

我學到了，當我哭泣時，可以更大口地呼吸。所以，以後我會經常哭泣，不再因此感到丟臉。

我學到了，夥伴的信任可以將你推向任何一座高峰。我學到了，與其抱著不要輸就好的心態，倒不如下定決心、立定心志才能成功。

我學到了，全世界最棒的團隊不只要分享彼此的優點，也要分擔彼此的弱點。

我學到了激勵隊友的方法，不是讓自己出風頭，而是要讓隊友知道他們自己有多厲害。

我還學到了，當人們從起跑點開始時就能放下自尊，一路上追求著同樣的目標，彼此建立起深厚真摯的關係—也就是所謂的同心協力，團結一致—就可以創造出一種勢不可擋的完美力量，足以力拔山河，任何殘酷的環境都難不倒他們。

極限越野賽教我的那些事

我是用土法煉鋼的方式，領略出自己一套對團結一心的看法，整個過程並非一趟重新瞭解這普世價值的啟蒙之旅，而是不得不忍受滿身髒污泥濘、犧牲睡眠、被寄生蟲折磨。我想要贏得全世界規模最大、最艱鉅、最荒唐的多項運動耐力賽：像是高盧越野賽和大自然挑戰賽（Eco-Challenge）。完成這項目標的唯一方法，就是加入一個四到五人的團隊，隊上有男有女，一起參加六天到十天不眠不休的越野賽。比賽過程中，隊友彼此間的距離不能超過 45 公尺，所有的項目都要參與，包括競跑、騎越野單車、划舟、游泳、爬坡、叢林探險、滑行。比賽地點是在地球上幾乎渺無人跡的山頂、極度冰凍的沼澤、高溫叢林、急流冰川、熱到腦袋快爆炸的沙漠。整個賽程長達 1,600 公里，只能依靠地圖、指南針和團隊合作。當你在競賽過程中與隊友培養出患難與共的特別情感時，勢必會學到一些關於人際關係的功課。

參加越野賽之前，我已在 1990 年代初期奠定了鐵人三項的基礎，應該也是這些經歷讓我成為「越野賽的女先驅」。在《跑步雜誌》（Runner's World）上，我看到關於高盧越野賽的文章，立刻就被這項運動吸引了。這是一項較不需依靠後段衝刺和六塊肌的運動，更多時候是要仰賴腦力、技能和人文精神。記得當時我一邊讀這篇文章，腦海中一邊想著：「這就是我擅長的運動！跟一群很酷的人患難與共！」我第一場參加的，就是 1994 年舉辦的高盧越野賽。雖然我們那次比賽慘敗，但我從此迷上了越野賽。

越野賽就像魔術方塊，是由體育活動、團隊合作、解決問題的技能，以及十足的膽量所組成；若是缺少任何一個要素，就會完蛋。然而，當你的團隊很會玩魔術方塊時，那將是一場非筆墨所能形容的神奇體驗。我們這支團隊之所以能贏得婆羅洲大自然挑戰賽和厄瓜多高盧越野賽，並不是因為實力比別人強，或速度比別人快。但我們的確擁有一項獨特的能力：我們會互相照顧，用集體公開討論和腦力激盪的方式解決問題。我們會拋開自尊，接受彼此的幫助，採納民主式領導作風；就像一頭狂熱的小獵犬，即使被拴著皮帶也要堅持跑在最前面。如此一來，我們凝聚了一股團結一心的力量，不僅因此成為更優秀的運動員，也成為更優秀的人。

越野賽的美妙之處在於，比賽結束後，你征服的不僅是一場艱困的賽程，也考驗了個人的極限。實際上，你已透過人生最重要的冒險活動證明你自己：成為一個偉大的人。參加越野賽，可以把每個人內在的角色帶出來，有的是英雄、戰士、醫者、領導者，有的是富有同情心的朋友。在努力贏得一場越野賽的過程中，我們展現出的是最優秀、最開悟的自己。而且，在競賽過程中以及跨越終點線時，我們可以從隊友彼此的眼中看到這樣的自己。這就是我們一再報名參加越野賽的原因，因為它是全世界最能幫助你肯定生命價值的運動。沒錯，越野賽中踏足的地方以及看到的風景，都是令人驚嘆的，這也是我們肯投入一大筆報名費的主要原因。但是，就在浩瀚天地間的某個「角落」，隨著挑戰多到讓渺小如滄海一粟的人類難以負荷時，只有讓自己靜靜地與少數幾位同伴，感受著同舟共濟的力量與慰藉，此時我們已是脫胎換骨，超然物外。就在此刻，越野競賽變得更像是一段令人無法抗拒的心靈體驗，而不只是一場體育賽事。這也為我們每一個人留下永遠無解的問題：下一場比賽何時到來？

極限越野賽並不是一場體育賽事，而是一段漫長的身心冒險歷程，反映出人與人之間終究要互相依賴。就像在人生與職場中，你和一個個小團隊一起工作，團隊中有男有女，大家共同努力闖過一連串看似永無止盡的關卡，尋找著幾乎不可能到達的終點。儘管周遭的環境變化無常，必須在不合理的期限內拚命趕工，但每一個團隊都在努力成為業界最傑出的團隊。如此形容若還無法反映出平時的工作情況，我就不知道還有什麼可以形容的了。以我的經驗來看，參加越野賽時若無法完成比賽，最主要因素是缺乏團隊合作的能力。職場上也是一樣。根據《哈佛商業評論》一項研究顯示[1]，在影響公司底線收益的因素中，企業風氣（員工對工作環境的感受，以及他們所受的待遇）至少佔了三分之一。這比例相當大！如此說來，就提升工作上的團隊合作潛能而言，改善企業風氣的能力，是個不可或缺的職業技能。對於在職場中打造一個極限團隊來說，越野賽就是個完美的比喻。這樣說吧！我們從小就生活在一個個小圈圈裡，長大後也是，例如工作上、婚姻中、家庭和社區裡，都有各自所屬的社交圈。對大部分人而言，團隊合作的意思，從字面上理解就是一起努力達成同一個目標。但是，為了做到戰無不勝，你必須跳出一般團隊合作的框架，進入團結一心的強大境界。團結一心就像是超大型的團隊合作，它的意思是，當我們一起朝著同一個目標努力奮鬥時，就會因為彼此而有所進步。有你在身邊，我會變得更

---

[1] Daniel Goleman, "Leadership That Gets Results," *Harvard Business Review* (March/April 2000): R00204.

好、更強、更敏捷、更有效率、更成功；我使你變得更好，你也使我變得更好。當我們團結一心時，努力的成果會遠比自己獨立一人完成還要美好。我們不再只是一起走向同一個目標，有時候，我們是為了整個團隊的利益而互相扶持。

在團隊贏得的競賽中，我們之所以能連續不斷地創造一瞬間的佳績或奇蹟，除了結合個別成員的賽前訓練與經驗，更是因為同心協力讓我們團隊的表現更優秀。「連續不斷」才是最關鍵的字眼。在這裡，我要引用優秀的美式足球教練隆巴迪（Vince Lombardi）的一段話，也是我最喜歡的至理名言之一：

> 不要偶爾才做正確的事，而是時時刻刻做正確的事。成功是一種習慣；不幸的是，失敗也是一種習慣。

我非常贊同他的話。各個團隊之間的差別，多半不是才能，而是每一位隊員堅持同心協力到底的能力。一旦瞭解如何同心協力，就等於擁有一個裝滿有效技能的工具箱，可以在任何情況下跟任何團隊一起使用；不論是跟同事進行一項短期企劃，或是經營終身不渝的美滿婚姻。若能養成一個建立並維持同心協力的習慣，就能養成有志竟成的習慣。

團結一致，同心協力—如果能把這東西裝瓶賣錢，我早就成為億萬富翁了。不過，15 年來我一直在研究，是什麼方法能讓一個團隊，在地球上最艱困的環境中，從平凡逐漸淬煉成異常非凡。我相信自己已經找出一套方程式，可以幫助每個人打造出致勝團隊。以

下就是這套方程式的八個組成元素，把每個元素的英文第一個字母拼起來，就是我最喜愛的單字之一：團隊合作（TEAMWORK）：

T 全力以赴（Total commitment）

你的團隊是不是已經具備「全力以赴的四個 P」：準備（preparation）、計畫（planning）、企圖（purpose）和毅力（perseverance）。

E 將心比心（Empathy and awareness）

關心你的隊友，是否如同關心自己一樣？你要經常設身處地為他人著想。想要得到什麼，就要先給別人什麼。不論是給對方一個鼓勵、一個擁抱，或是督促鞭策。不管怎樣，想要別人怎麼對待你，就要先怎麼對待別人。

A 逆境管理（Adversity management）

比賽陷入困境時，你的團隊會如何應付？必須記住，大部分比賽都有一長串問題等著解決，並非你所希望的一帆風順。正確的態度才是關鍵。你的團隊會視逆境為障礙或挑戰呢？你會被成功的希望所牽制，還是失敗的恐懼所牽制？你會為了追求完美而延後進度嗎？

M 相互尊重（Mutual respect）

你的團隊是否存在著高度的信任、尊重與忠誠？找出能讓你喜愛隊友的事情，避開那些會讓你厭煩隊友的事情。記住，對於每一位隊員所付出的貢獻，必須心懷感激，包括優秀的技能與意見。而且，必須無條件地信任彼此。

W 同舟共濟（We thinking）

為了達到最圓滿的成果，你會經常設法集合眾人的智慧和力量來解決問題嗎？「同舟共濟」是指，你要和大家合力抵達終點，而不是只有你一個人在出風頭。如果你是隊上最強的一個，你會開心地享受自己一馬當先的感覺，還是會停下腳步並且意識到，這種自我感覺良好，其實意味著應該幫助其他還在掙扎的隊友承擔更多壓力？

O 目標認同（Ownership of the project）

你選擇的隊友會卯足全力支持團隊的任務嗎？為了幫助隊友認同團隊的目標，你會讓他們來打造共同目標嗎？

R 放下自尊（Relinquishment of ego）

為了整個團隊著想，你會從比賽一開始就放下自尊嗎？在團隊中，你或多或少都會變成最強或最弱的一個。自尊是你行囊中最沉重的一個負擔，別讓它成為你邁向成功之路的絆腳石。

K 動力領導（Kinetic leadership）

在必要的情況下，你的團隊容許不同的領導者出來接手嗎？在各自的力量和經歷對於整體團隊最有幫助時，所有隊員都應該站出來帶領大家。在最優秀的團隊中，除了領導作風，領導階層也需要不斷地交替輪換。

現在你已經知道團結一致、同心協力的八個要素了，接下來我會說明，平時要如何與每位隊友運用這些要素，以便培養出同心協力的精神。我會透過這個瘋狂的人際關係培養皿，也就是越野賽，舉出各種不同的團隊合作例子，有好的例子，有不好的例子，也有不算太好的例子。我的目的是，引導出住在你內心的團隊打造者，讓你不論到哪裡都能打造世界級的團隊。培養並維持自己是個團隊打造者的心態，才能擁有真正的持久力。不論是鞏固你在職場上或家庭中原本存在的團隊，或是跟那些每年只接觸幾次、甚至只講過一分鐘推銷電話的客戶互動，稍微調整一下思維，就能讓你持續不斷地與周遭的人一起打造雙贏局面。我能肯定的是，帶著自尊和自負的心態是無法成功的，唯有帶著謙卑、團隊合作和感恩的心才能成功。最後帶領著大家一起跨越終點線，不是遠比獨自一人領先抵達終點更值得、更能滿載而歸嗎？

我的情況也確實如此。在戶外運動競賽中，我們團隊最令人印象深刻的經驗，不是奪得冠軍的那一刻，而是在過程中分享同心協力的時刻。我在越野賽生涯留下的記憶，並不是去過的地方，而是我們共同度過害怕、成功、失敗和歡樂時所建立起的關係。在部分最鮮明的記憶中，有些時候隊友們是我的英雄、我的教練、我的救星，有時候則換我當他們的英雄、教練和救星。

那些團結一心的時刻，例如，為團隊著想而集合所有人力量、不論強弱的時候；大家一心一意朝著下一個里程碑衝刺、且不受自尊束縛、也不指責他人缺點的時候—這些都是我希望你和你的團隊、伴侶和孩子、同事、鄰居都能擁有的時刻。讓你的隊友成為你的英雄，你也要有勇氣成為他們的英雄！

1

全力以赴

每位選手剛上場時都是氣勢如虹，但成功只留給堅持全力以赴到最後的人。

—星巴克執行長舒茲（Howard Schultz）

多少次了？每當你展開一項企劃案，讓大家在第一天上場時便興致勃勃地準備火力全開，結果他們的熱情與活力，卻在事情開始變得棘手時消失殆盡。我猜這種情況你已經遇過無數次了，挺洩氣的，對吧？

如果你想擁有一支百戰百勝的團隊，你和隊友就必須培養出團結一心的第一個要素—全力以赴。不只是你們手中的任務，也包括隊友彼此。簡單地說，最強大、最迅速的團隊不一定會成功，但是堅持全力以赴到最後的團隊一定能成功。當比賽一開始、所有選手充滿鬥志且迫不急待準備開戰時，還不會用盡全力；只有在比賽的興致過後，選手們才會開始全力投入。當你覺得比賽不好玩了，團隊的全力付出與否，便將成為成功與失敗的關鍵。

我們體育界就有一位運動選手名叫麥可．柯洛瑟（Mike Kloser）。他是登山車越野賽的世界冠軍，也是能做到全力以赴的模範代表。麥可「永不服輸」的態度，整個打亂了其他人參加越野挑戰賽的步調。那是在 1990 年代末期，當時我和隊友們專心一意地朝終點衝刺，輕而易舉地將其他對手遠遠拋在腦後，順利拿下許多比賽的冠軍。直到麥可出現，把一切都搞砸了。當時他一副「除非我前面的團隊比我早抵達終點，否則不算是打敗我」那種傲視群雄的態度，而且說到做到，經常趁其他團隊不注意時，突然從後方衝上來超越他們。對麥可來說，直到比賽真正結束為止，他是不會停止這種行為的。不過，也因為他這種精進不懈的精神，把大家的比賽水準都提高了。所以，我必須把他拉進我的團隊，因為根據我的判斷，與其打敗他，倒不如讓他加入我的團隊來得簡單些。我很早就知道，出色的運動員到處都是，但是像麥可一樣會全力以赴的隊友可是稀有品種。

這些年與我一起競賽的極限運動員，包括麥可等人，教會了我一兩件關於全力以赴的事；就算是處於最艱困的逆境時，也要學會如何養成並維持這項要素。抱著「不到最後不言棄」的心態，打包好適合的工具，確定最終目標，凝聚團隊向心力，這些都是達到全力以赴的準則。現在就讓我們進一步探討做到全力以赴所需的基本要件，也就是四個 P：準備（preparation）、計畫（planning）、企圖（purpose）和毅力（perseverance）。

準備（preparation）	計畫（planning）
企圖（purpose）	毅力（perseverance）

準備

長遠來看，鮮少有人是臨時抱佛腳取勝的；當然，有時因情況有變，我們最後也會被迫臨時匆忙應付。不過，完全沒有做好準備就投入比賽，極少能打出一場漂亮勝仗。世界一流的極限隊員都知道這一點，藉由全力投入事前的準備工作，他們在對待最終目標和隊友彼此時，就能竭盡所能、全力以赴。想像一下，在一場越野賽或危急的火場救援中，如果你的團隊中有人還沒準備好，或是因訓練不足而無法達到最佳狀態，結果就跳出來應戰，可能會發生什麼事？在職場上，有時就算準備不足也可以蒙混過關，我們都這麼做過。但是，身為極限運動團隊的成員，從起跑點開始就應該處於人生中最佳狀態；就算是要背著隊友爬到終點，也要百分之百全力以赴。大家都在指望你，目標越是宏偉艱鉅，你的準備工作以及所能付出的終極貢獻就越發重要。

在我們贏得勝利的競賽中，每位隊員的身心狀況一開始都是處於最顛峰狀態。比賽過程中，我們會用盡所有精力，抵達終點時則一無所剩。若是有隊友不曾以最佳狀態出賽，我們就不可能累倒在終點，氣喘如牛的同時，也灑下勝利的淚水。

當我們剛開始贏得比賽時，許多人以為我們只是比較幸運而已；但是，我們對「幸運」這兩個字有不同的解讀。對我們來說，「幸運」就是「機會」和「準備」這兩條道路的交會點。

“幸運＝機會＋準備”

沒有事前的準備，幸運就不可能憑空而降。機會瞬息萬變、稍縱即逝，與其被動地等待機會上門，何不採取主動、控制局面，為你自己創造一些機會？當你準備好利用現有資源、為自己創造一些機會時，你就是世上最幸運的人。

史蒂夫就是我所知最幸運的人之一，他是來自紐西蘭的越野賽冠軍得主。在 2003 年的太浩湖（Tahoe）越野挑戰賽展開前幾週（這是一場穿越內華達山脈、耗時五天、賽程長達 724 公里的比賽），史蒂夫已事先向賽務總監詢問關於皮艇的詳情。由於越野賽中划舟項目所用的皮艇是由主辦方提供，因此，史蒂夫想瞭解皮艇的類型與所有尺寸。在對於賽會裁判和對手一無所知的情況下，史蒂夫早已開始在家做功課，研究他的皮艇，試圖找出讓皮艇划得更快的方法。他發現，皮艇的船身越細長，船速就越快。史蒂夫根據比賽使用的皮艇所附的說明書，設計了一個稀奇古怪的頭錐狀裝置，用來安裝在船頭，不但可以穩定皮艇的平衡性，還能使船身增長 1.5 公尺。我不確定他是在內華達的比賽場地建造的，還是建造完後從紐西蘭運過來。總之，比賽開始時，他的工作人員已經替他把這個新裝置送到划舟賽程的起點。幸好，史蒂夫發明的新玩意兒發揮了神奇的效用：第一段賽程結束時，他的團隊距離身後最近的一艘船，至少還有一小時賽程遠，相信是勝券在握了。

在這場比賽中，所有選手拿到大會分配的皮艇後都不做他想。大家都以為，不管分配到什麼工具，只要盡力而為就好。除了這位幸運兒史蒂夫，他為這場比賽投下了一顆震撼彈：「為什麼只能用他們給我的工具呢？為何不能為現有資源進行加工、創造出更好的

工具呢？大會並沒有規定我不能這麼做。」

這是一種有助於贏得體育賽事或合約、客戶、買賣的橫向思考。既然沒有明令禁止，就沒有人能阻止你這樣思考，那你又何必畫地自限、順從地依照大會為你安排的一切資源呢？當你自認為已充分準備打造屬於自己的比賽、還能表現得比其他選手更優秀時，就是這種想法和行為，讓你成為像史蒂夫那樣的世界級領導者和極限隊員。

也是因為這種想法，讓我的好搭檔、來自紐西蘭的約翰在 1990 年代的越野賽中交出亮眼的成績單。約翰之所以能成為常勝軍，是因為善於未雨綢繆，會事先替團隊準備多種替代法寶，以備不時之需，因此稱他為「法寶王」也不為過。如果我們有人帶了破冰斧、或一種特定類型的雪鞋、或一套合格的登山裝備、且對自己準備的裝備頗為滿意時，約翰可從來不會就此滿足。他知道，關鍵時刻致勝的法寶，從來不是團隊一開始就能想到的，所以總是會多帶上各式各樣的工具。如此一來，每次遇到突發狀況時，我們還有其他最適合的工具可以選擇，其他團隊就沒給自己這麼好的選擇了。賽程中遇到下雪是預料中的事，他們一定以為帶了雪鞋就足夠了，但是茫茫途中就會發現，冰爪才是更適合在冰天雪地裡行走的工具；沒有冰爪，行走在結冰的地上，就像陷入泥沼中一樣寸步難行。不過，因為有約翰的先見之明，他的團隊總是能隨機應變。約翰明白，不論是人生或職場上的競賽，隨機應變才是唯一可以依靠的。面對一座高聳巍峨的山峰、準備執行具體任務時，把握時機並且掌握適當的工具，才能有所作為。

這又讓我想起了前面提到的麥可。麥可就像約翰，也是運動界的常勝軍之一；除了他那「永不服輸」的態度之外，還有兩個因素證明麥可有多「幸運」，這也都和事前準備充分有關。首先，他會以有效的科學方式進行賽前訓練。若要參加高地賽跑，他會在比賽前兩週就去高地做準備；若是即將參加一場預賽，他會在賽前花兩個月時間待在桑拿房裡鍛鍊。沒有多少人能像他這樣，全心全意投入準備工作。

麥可之所以能勝出，另一個因素是他的裝備。每位參賽選手都有自己的工具箱，裡面放著他們的個人裝備，像是電池、登山工具、頭燈、破冰斧、自行車鞋、頭盔和藥品。工具箱都是由選手自己整理打包，再由工作人員替你送到每一個轉換區。在轉換區，你可以稍做休息，吃點東西，補充體力，將上一階段用過的裝備收起來，拿出下一階段所需的裝備。如果團隊中的每一個人在這道程序都能不出差錯，那麼在轉換區所花的時間大約是 20 分鐘。但是，如果你的工具箱一開始就沒整理妥當，或是你將這階段賽程穿過的濕衣服，隨手堆在上一階段穿過的濕衣服上，在比賽接近尾聲時，你的工具箱肯定是一團亂了。到時候，你不但已筋疲力竭，還會手忙腳亂，找不到所需的裝備，這都是因為你事先沒有多花點時間把工具箱整理妥當。別問我怎麼會知道這一點，我在轉換區有個外號叫「擺地攤」，這可是其來有自的。

但是，麥可就不一樣了。不論從哪一方面來說，他在每一階段的交接工作，總是做得比別人乾淨俐落。因為在比賽前，他已經多花時間在工具箱裡加裝小抽屜和小盒子，大小剛好可放入每一樣工具。然後貼上標籤，一目瞭然地整齊排列在工具箱裡。

因此，麥可總是能第一個完成交接工作，準備離開轉換區。他總是知道自己的東西放在哪，也從不忘記帶上任何裝備。當我一面埋頭鑽入我那一團亂的工具箱、一面怨嘆自己找不到頭燈時，麥可就會以他那一貫淡定的語調說：「喏！我這裡有一個，袋子上還貼了頭燈的標籤，拿去吧！」

麥可知道，比賽前特別多做些準備工作，可能是不必要或多餘的；但他也瞭解，當比賽戰況激烈時，大家一定會手忙腳亂。他知道若是能在事前準備妥當，便有助於自己和隊友更從容應賽。與其到時候花時間手忙腳亂地找工具，他要立刻知道自己的電池、手套和備用自行車鍊放在哪裡。麥可從來不拖累團隊，從來不會成為其他人的麻煩，因為他總是一出場就是百分百準備就緒的狀態。他認為，準備工作是讓他贏得比賽的關鍵之一，而且事實證明他是對的。身為他的隊友，我們對他的用心準備滿懷感激，雖然我們也常拿這件事情開他玩笑。

在處理地圖方面的用心，來自澳洲的伊恩也令我們相當激賞。參加越野賽時，你會在比賽前 24 小時收到賽程地圖。這些地圖可不是像祖父留下來、一般地圖公司出版的街道地圖，裡面包含了約 30 份大地圖，你必須將這些地圖拼湊出完整的七日賽程地圖，設法找出最快抵達每一道關卡的路線。每一個團隊都有自己處理地圖的方式，只懂得做最基本功課的團隊，可能就只會先找出各關卡的位置和頭幾條路線，並且深信剩下的路線可以等到上路後再找，然後就上床休息等待隔天的比賽到來。

不過，伊恩做的不只這些。他不但找出從起點到終點的所有關卡，而且在所有隊員的協助下，刻意多花時間規劃出整個賽程的路線，然後在地圖的空白處做筆記，記下沿途可能會遇到的狀況，以及應該注意的事項。例如，這個關卡會是什麼樣子，離開那片草原時氣溫會是幾度等等所有你可能想到的細節。就算此刻你已昏昏欲睡、飢腸轆轆，準備工作卻還沒完。在地圖上做完筆記後，伊恩還將地圖做防水護貝處理，並以他個人獨特的方式分門別類地收好。

為了讓伊恩放心，我們費了 18 到 20 小時才處理好這些地圖，這時距離比賽到來已沒剩多少時間可以睡覺了，但最後證明這些準備工作仍是值得的。重點來了，越野賽就像人生和職場，你總是以為明天會有充裕的時間可以處理瑣事，但之後總是會發生一些令你措手不及的意外，例如地圖弄丟之類的。幸好，伊恩早已全心全意投入準備工作，讓我們毫無後顧之憂地向前衝，因為我們知道自己身在何處，也知道應該往哪個方向前進。一路上，我們會看到其他團隊滯留在路旁，爭執著地圖是收在哪個背包裡，或是被誰弄丟了，又或是質疑為什麼地圖會被弄濕。當我們一次又一次經過這些「不幸的」選手時，我們就明白，會贏得比賽的團隊，不一定是因為速度最快，而是能將影響進度的因素降到最低。我們的結論是，只要能保持隊形，沒有人脫隊，當機立斷，互相照顧，就能贏得許多比賽。就算對手是超快速團隊，我們也不怕。

越野賽就像人生和職場，我們對自己背負的期望也有個大概的瞭解。身為隊友，我們瞭解彼此的競爭實力，但直到比賽正式開始前，不會知道比賽的實際情況。不過沒關係，因為你和你世界一流

的隊友們會以最佳狀態出賽，準備隨時應付眼前的障礙。在我的字典裡，所謂的世界級團隊，不一定要懂得如何應付「所有情況」，而是要有一群能隨時準備好應付「任何情況」的隊友。

計畫

你來到起跑點，一切準備就緒；拿到一份地圖，目標也已經定好了。但是，在你展開一場追尋目標的史詩般旅程之前，首先該做的是：擬定一套計畫。管理顧問彼得．杜拉克（Peter Drucker）曾寫下這段至理名言：「計畫若是不立刻付諸實行，也不過是紙上談兵。」那麼，要如何付諸行動，讓你的團隊創造一些佳績，而不只是空想呢？

詳細規劃路線

坐下來好好研究地圖，安排整個行程的所有路線。想想現在身在何處，想像一下最後希望的結果。

決定你的步調

在職場上，步調通常是會被忽略的東西。大多數時候，我們只知每天埋頭苦幹，希望最後能達到自己設定的目標。有時，我們定了一個刺激的新目標，興致勃勃地展開，結果卻中途退出，原因是我們的熱情無法持續太久。我特別喜歡研究一路上可能遇到的障礙，因為當你遇到這些障礙時，真的會想要好好地計畫如何征服：你最想在哪裡發揮影響力，想在哪裡加緊衝刺。若是沒有事先擬定計畫，安排在什麼地方竭盡所能，或是計畫在什麼地方休息一下，你將會因為衝過頭而熱情漸退，或因不夠盡力而未達到目標。必須找到一個可以讓你撐到底的步調，才能走完這趟遠程。

安排臨時關卡

我曾在一家製藥公司上班，經理派給我一項年底銷售目標後就撒手不管了，反正最後只要達到目標就好，他以為我可以這樣靠著有限的資訊評估進度。就像是在一場競賽中，如果賽務總監發給每支隊伍一份地圖和一個指南針，告訴他們：「在這十天的賽程中，你們不會知道行進的路線或進度對不對；但不管是哪一隊，只要第一個抵達終點線就贏了。我在終點站等你們。」相信兩、三天之後，大家就會士氣低落，無法堅持到終點。

唯一可以拯救我們的辦法是，在沿途設置關卡。1,000 公里的賽程不會走不完，只要能通過一個又一個關卡。如果你告訴你的團隊，要在三年內成為業界首屈一指的公司，卻沒有人告訴他們，目標和方向是否正確，他們一定會相當恐慌。你要確保隊友們知道每一週、每個月和每一季的目標，方便他們規劃進度，這就是驅使團隊繼續前進的動力來源。

現在讓我們來談談計畫與執行的差異。有時人們制訂了計畫，卻一直不付諸行動，以為只要有計畫，成果自然會隨之而來。我看

過消防隊長、競賽團隊和職場領導者一而再、再而三地制訂計畫，卻始終不採取行動。結果房子被燒毀，原本居於領先的位置輕易被其他團隊超越，或商機落入競爭對手的手中。另一方面，也有人事先沒做好準備，就毫不猶豫捲起袖子匆忙應付，想要速戰速決。我看過有選手在比賽一開始就立即行動，盲目地跟著隊伍，甚至不看地圖。我還看過消防員獨自衝進失火的大樓救火，沒有搭檔跟隨，也沒有事先規劃，只想自己當大英雄。這些情況最後都不會有好結果。

最好的做法，顯然是在計畫過度和計畫不足這兩個極端之間找到平衡點；明顯的考量包括，你有多少時間計畫，或直接應付當前的情況。一般說來，最成功的團隊，自然會將計畫和執行融會貫通，並且認識到大多數計畫都能變通，也需要持續不斷地徵詢意見和重新斟酌。進行消防工作時，大部分消防指揮官會運用一套步驟，以便有效管理意見回饋和重新斟酌的程序，我稱它為「STRAP 計畫」。任何人都能利用 STRAP 建立一項健全的計畫並付諸行動，以達成目標。這裡要注意的是，計畫有多詳盡，行動就要有多徹底。

評估現場（Size up the scene）

現場的情況到底如何？我看到濃煙了，但火場在哪？有什麼危險？一名優秀的團隊領導者必須不斷地四處察看，評估大樓所有六個角落，而不只是一個角落。

安排作戰先後順序（Tactical priorities are established）

我要得到什麼最重要的結果？哪一項需要優先處理？是安全第一呢？還是先保住鄰近住家？先將火勢控制在一處？先滅火？還是先盡可能搶救一切？

所需資源（Resources needed）

是否具備一切所需資源以成功完成任務？是否該調派更多消防隊或專業人員，或是調一組救難隊到場協助可能受困的消防員？

行動（Action）

立刻前往滅火！

形勢、進展、所需資源（Position, progress and needs, PPN）

消防局長會向火場的領導人—也就是消防隊長—詢問關於形勢、進展和所需資源的訊息，這三樣簡稱 PPN。目前的狀況和進展如何？是否需要其他資源以便完成任務？然後，消防局長才能根據所有來自現場的 PPN 報告，繼續重新評估並計畫整套 STRAP 步驟。

運用 STRAP 計畫系統時，領導者要避免被卡在評估模式裡，並且確保在情況有變時，最重要的變數都已經過考量並已妥善解決。

制訂計畫的最後重要階段，就是極為重要的匯報；實際上，這也是在為下一個挑戰進行高階計畫作業。相信我，在人生的組織階層中，身為一名小小的消防員和隊員，我明白有人提到「匯報」時，其實聽到的是「接受審判」的意思，然後就開始緊張冒冷汗了。但是，身為領導者，必須清楚聽取匯報不是追究責任的時候，也不是讓你藉機指責和批判。這是進行下一項計畫的基礎工作，用意是讓公司和團隊變得更強。接下來，就抱著這樣的目的提升匯報工作，要在任務結束後盡快進行。除了提出意見反應，也要向團隊成員徵詢意見；換句話說，就是聆聽—而且要「確實」聽進去。

聽取匯報時，要向每個人詢問兩個好問題：從這項任務中學到的最重要的一、兩件事，以及下次是否考慮用不同方式執行？如此一來，可以讓隊友不必被迫依照你的方式看待事情，而是自行尋找答案，領悟真諦。要讓他們擺脫聽取匯報的感覺，讓他們感覺自己確實為共同利益做出貢獻。要讓他們覺得自己的經驗和付出是受到重視的，而且不會覺得遭到訓斥。所以，進行匯報時，必須保持真誠、直接和正面的態度，日後才會更加全力以赴；而在下一場更大的冒險來臨時，才會更有動力。

最重要的是，展開任何有價值的旅程時，我們不一定知道所有問題的答案。成功的團隊都知道，想要有好的開始，制定計畫是至關重要的。不過，終極成功的團隊會把眼光放更長遠，他們知道，制定計畫這項工作在旅程展開後仍不會結束。身為極限團隊的領導者，你的 PPN 步驟必須經得起不斷地重複使用。

企圖心

進入職場後，每個人都想要有不錯的表現，而且大部分還想表現得更好，希望能超越自己。我們都想感受到自己確實有貢獻，感受到自己的才能得到肯定，想要有發光發熱的機會，也希望自己的經歷受到重視。優秀的隊員會不斷藉由提高他人的企圖心，幫助他們激勵自己。當事情變得棘手、大家都失去持續下去的意志時，這就變得特別重要了。以我的經驗來看，團隊會根據領導者的情緒智商，選擇放棄或找個理由繼續。領導者不僅必須具備理解隊員的能力，也要有能力注意到他們的需求，並且設法讓他們繼續維持在贏的狀態。對於團隊而言，這至關重要；本質上，就是重新架構成功的願景。

舉例來說，每個人一開始都會立定目標。對於某些人而言，贏就是贏；但是對其他人而言，贏就是打入前十名，或只要抵達終點就算是贏。一路上，這些希望會因為遇到挑戰而破滅（賽程比我們想像中還長、還困難多了），例如準備不夠（有人從紐西蘭的冬天環境來到死亡谷參賽而中暑），不可抗拒的大自然力量（河水高漲無法橫渡），或任何可能的情況。你不可能贏得所有比賽。或者，其實可以？優秀的領導者會為每一位成員重新塑造成功的印象，讓他們看到更優秀的自己，鼓勵他們度過失落的黑暗期。世界一流的團隊領導者會做的是，為了動員整個團隊，必須不斷地灌輸隊員一個共同的目的，打造具有號召力的口號，以激發出更大的利益。

我最喜愛的越野賽選手和企業領導人之一，也是我的朋友大衛・凱利（David Kelly），在「重新架構和重新調整」策略這方面是個高手。我老是聽到他在說：「嘿！夥伴們！我們贏不了，但看來還是能擠進前五名！」隨後他又說：「我們肯定能擠進前十名了，夥伴們！能在大自然挑戰賽中擠進前十名，是多麼酷的一件事啊！」或是說：「我們要讓家人和贊助商感到驕傲，讓他們知道，在這場比賽中，我們的膽識比其他團隊都高！」這就是大衛，他總是在設法提高隊友追求成功的鬥志。

我們曾在西藏參加高盧越野賽，經過連續五天24小時不眠不休的身心煎熬，終於來到最後一段賽程，卻赫然發現這段賽程要使用的自行車沒出現。當時，我們覺得身體像是被重擊，一切都毀了。我們一路小心翼翼地保持領先，來到海拔 5,000 公尺高處，身體還飽受高山症和肺水腫之苦，卻發現這一切可能要前功盡棄。在高山曠野中，面對這殘酷的現實，我們只能坐以待斃，看著其他團隊騎著自行車經過，盯著我們淚流滿面的臉，還一面可憐我們的命運，一面興高采烈地取代我們的領先位置。啊！直到今天，只要一想到這件事，我還是會發抖。但是，我記得一件重要的事：在我灰心喪志的那一刻，隊長羅伯特丟了一個救生圈過來。他宣布：「優秀的領導者會重新架構成功的印象。我們是世界冠軍，現在是我們證明的時候，沒有什麼事情能阻擋我們。」這時，我的心臟突然加速了，淚也停了。大會丟了一道難題給我們，我們會一起毫不遲疑地回答，不需用聲音，而是行動。我們是世界冠軍，現在是向世界證明我們是誰的時候了。我們對於成功的定義，不再是第一個跨越終點線，而是身為一個團隊的榮譽。就像這樣，羅伯特適時地說了幾句話，就提高了我們的企圖心，轉變我們的心境，賦予我們新的致勝之道。

那麼，你想問這場西藏的比賽最後結果如何？讓我們繼續看下去！

> 優秀的領導者會重新架構成功的印象
>
> —羅伯特．那戈

毅力

世界一流的團隊選手都知道，一山還有一山高，河流只有更湍急，賽程只會更長，山路只會更崎嶇。不論你做了多少，手邊的任務永遠都只差一點才能完成。唯有立定心志，才能讓你保持頭腦清楚。你可以做好最壞的打算，然後竭盡所能做到最好，但永遠、永遠、永遠都不要放棄。因為就在你放棄的那一刻，往往會發現，距離下一個可以讓你稍微喘口氣的休息站只有一步之遙（例如：下一個關卡；山頂；在寒冷冰凍的激流中，游泳的階段終於結束了；第一道陽光；你一直在等待的聯邦食品藥物管理局的通過審核，終於批下來了）。諸如此類的事情隨時都在發生。

有時候，希望是你唯一剩下的；而且，不論有多艱難，你必須堅定不移地保持耐心與信念，一路走到終點。猜猜看為什麼呢？因為，競爭下去才有希望。

如果我必須選一個最能考驗團隊耐心和毅力的比賽，那就是1995 年在阿根廷舉辦的高盧越野賽。光是想到那場比賽就很頭痛，

這是一場長達 482 公里、穿越巴塔哥尼亞的越野賽，比賽項目包括了登山、攀岩、划舟和騎馬。我跟三名來自紐西蘭的男生一起參賽——尼爾·瓊斯（Neil Jones）、傑夫·米奇爾（Jeff Mitchell），以及克里斯·莫里西（Chris Morrissey）—我們一路上都保持在前五名，拚命想趕上走在隊伍前頭的麥可和他的朋友。整個賽程有多達四分之三的部分是登山，當時山下氣溫高達攝氏 38 度。我們開始攀登，爬得越高，氣溫就降得越低。很快地就開始下雪，沒多久就漫天大雪，我們整個陷入白化症狀。不幸地，我們只帶了較輕薄的夾克，沒有人料到會遇到如此猛烈的暴風雪。黑夜來臨時，我們拖著沉重的腳步繼續前進。我們的任務是在頂峰找到關卡，然後再花八小時從山的另一邊下山回到轉換區，進行最後的划舟階段。

但是，當我們抵達山頂時，竟然找不到關卡。我們四處尋了又尋，還是看不到蹤影。傑夫和克里斯已經嚴重失溫，他們的體脂肪本來就較低。他們兩人腳步踉蹌，兩眼呆滯，想找個地方躺下睡覺。尼爾繼續摸黑四處尋找關卡，我留下看著他們，防止他們失去意識。雪越下越大，傑夫和克里斯已凍到說不出話，也無法回應我。我一面搖晃著他們，一面解讀他們的眼神。他們似乎努力想回應我，但就是做不到。如果我走開，他們就會睡著，可能就此一覺不醒。我幾乎要瘋了，用力搖晃他們，讓他們保持清醒，並躺在他們身上，給他們一點溫度。一小時後，尼爾回來了，帶來了糟透的消息：他仍然找不到關卡。根本沒有關卡。

最後有四組團隊都聚集在一起，我們都迷路了，找不到關卡。我們圍在一起照顧嚴重失溫的選手，身體較強壯的就繼續四處尋找似乎不存在的關卡。但兩小時過去了，我們還是找不到。後來決定不管了，直接下山回到轉換區。我們猜可能是暴風雪太大，轉換區人員已經下山了。去他的比賽，大家都快死在這兒了。當然，賽務總監應該會瞭解，如果有四組頂尖的團隊都找不到關卡，就表示比賽有嚴重瑕疵。我們搖醒隊友，讓他們喝一些含有電解質和熱量的液體，幫助他們產生體熱，再將他們綁上拖繩，然後拖著他們下山。像是在執行一項集體生存任務似的，四組團隊一起拖著蹣跚的步伐下山，大家已經把比賽的念頭都扔在那場差點帶走我們同伴的暴風雪中了。

八小時後，我們在天亮時抵達基地營。我們 16 個人看起來就像是剛剛從聖母峰下來，臉頰因嚴重脫水而扭曲變形、布滿皺紋，皮膚因曝曬在高地烈陽下而發紅斑裂，雙眼因為嚴重枯竭而出現環狀黑斑。當我們走向轉換區時，就像電影《活人生吃》（Dawn of the Dead）裡扮演僵屍的臨時演員，雙眼呆滯、麻木虛脫、精力耗盡。我們的地勤組隊長傑夫．阿肯斯（Jeff Akens），也是我的未婚夫，看到後趕忙跑來。我們向他要求緊急醫療協助，救治隊友；還告訴他找不到關卡的事，雖然此時已不那麼在乎了。我們相信，大會裁判會終止這場比賽，因為出了這麼嚴重的缺失，但這時傑夫一句話就把我們打回了現實世界。

「可是，在你們之前，已經有兩組團隊找到關卡了。」他說：「大會主辦方說過，你們也必須要找到關卡，否則會被淘汰。」

怎麼會這樣！我們不僅得不到醫療協助，還會被淘汰？都有選手快死在山上了！他們怎麼能不知道，也不關心我們剛剛是怎麼熬過來的？結果事實是，他們就是不知道，也不在乎。

後來我們得知，是大會的工作人員將關卡設錯了地方，就在距離正確地點 800 公尺外。領先的兩組團隊是在天黑前抵達山頂，所以看到了工作人員在關卡處生火取暖而冒起的煙霧，於是跟著煙霧找到關卡。等我們到了山頂，工作人員已經撲滅營火，進入營帳裡了，而且沒有留下一盞燈或任何火光做為信號指引。這明顯就是大會的問題，不是我們的導航能力有問題。一開始就設錯關卡地點，也沒有信號指引，怎麼會是我們的責任？

我們四組團隊一起去見大會人員，向他們解釋所發生的事，相信他們會同情我們的處境。然而，他們卻說，關卡的確存在，而且已經有兩組團隊比我們先找到；既然我們沒找到，就要被淘汰。換句話說，我們必須再回到山上去找，否則就會被淘汰。我們 16 個人聽到後全呆住了，不可置信地站在那。我們已經花了六天時間比賽，而且才剛剛死裡逃生，差點在 4,000 公尺高處一片白茫茫雪地裡失去同伴，現在卻被告知：「很遺憾，但如果你們沒找到關卡，就會被淘汰。」連個道歉都沒有，沒有給我們毛毯和食物，也沒有為我們嚴重失溫的同伴提供醫療救助。

回想當時，那時候沒有其他人設身處地、將心比心為你著想的情景，直到現在仍記憶猶新。人與人之間的每一次相處，都是現實的碰撞。就這人與人之間的每一次相處，都是現實的碰撞。個案例來說，我們才剛經歷一場生死一瞬間的登山冒險之旅。而在大會總監的世界中，若是想在湖邊溫暖的營帳裡享用晚餐，就必須聽他安排，但我們就是錯失了關卡。後來，每當我和他人發生誤會時，就經常會回想起那個時候。也許這就是現實的碰撞，是一個發現現實是由對方主導的時刻，而非我想像中存在的唯一現實。大會總監不但來自不同的現實世界，也站在非常遙遠、完全不同的銀河系跟我們說話。他們不在乎我們發生了什麼事情，我們說關卡地點設錯，他們也聽不進去，只在乎他們自己的遊戲規則。現實生活中，他們無法成功經營一家公司。

於是，一個可怕的決定還在等著我們去做。我們千里迢迢來到阿根廷，難道只是為了要回去告訴家人、贊助商和所有人，我們沒有完成比賽？還是要回頭再重新攀登那該死的山頭？無論如何，那都是令人痛苦的抉擇，非常痛苦。事實上，我們這四組團隊中的兩組，告訴大會他們不幹了，然後就消失在他們的帳棚中，但我們和阿根廷隊決定回頭重來。的確，那是工作人員的錯，害我們陷入這般窘境；然而，一味地站在這裡指責他們也無濟於事，還有比賽要繼續，我們不會放棄。

再次來回一趟，花了我們 15 個小時。我們一路爬到覆滿白雪的山頭找到關卡，立刻回頭下山。達成這個目標比想像中困難五百倍，但我們知道，若能通過這次煉獄般的考驗，就能為我們的榮譽榜增添一筆精彩的紀錄，而且我們會永遠珍惜這次經驗。

就像我們那天所做的，只要你能屈能伸，就會發現「可以」走得更遠，「可以」忍受更多，「可以」不斷地一步步向前進，這種體會可是會讓人上癮的。以越野賽來說，我們將這次考驗視為絕佳的磨練機會，這並不是在開玩笑。若能熬過這次考驗，面臨下一次挑戰時，就會變得更強、更有耐力。如同在職場上，當你有其他事

情想做時，卻必須熬夜通宵趕報告。你終於在凌晨四點完成報告時，知道這是一份完美的報告，也知道自己是用盡了全力去完成。當你出乎自己意料往前踏一步時，就是一個生命轉變的經驗，你會更加信心滿滿地通過這次考驗。我想，大多數人從來不知道自己有多少潛力，因為他們都撐得不夠久，以致於無法得知。

伊薩克．威爾森（Issac Wilson）是我在 2000 年參加婆羅洲大自然挑戰賽的隊友之一，他是我所知道會永遠堅持住的人。這位年輕人就像查理．布朗：如果有不幸的事將要降臨在某人身上，那一定會發生在可憐的伊薩克身上。婆羅洲挑戰賽來到第三天時，我們正在叢林裡進行長途行山項目，而且還領先其他隊伍。當你在婆羅洲的山野叢林間、身為帶頭的團隊時，就不會知道自己會遇到什麼，我們就曾經在山上騎自行車時遇到一群大象。我是說真的，這就是在荒山野嶺中領先其他隊伍的樂趣（也是可怕之處）。但是，就在這一天，我們隊上跑在最前方的隊員踢到地上一個螞蜂窩，第二個和第三個隊員又跟著踢到了。第四個隊員呢？是的，那就是伊薩克，他被螫了。他被一群螞蜂圍攻，開始尖叫，像個瘋子般揮舞著手臂，一路往前狂奔，憤怒的螞蜂群一路緊追著他。最後，他終於擺脫了這群螞蜂，但也被螫了大約 20 處。被螞蜂螫是非常痛的，但惡夢才剛剛開始。毒液一旦在體內蔓延時，伊薩克就開始發出令人毛骨悚然的尖叫聲，我永遠無法忘記這般情景。

「我覺得我的頭要爆炸了。」他一面抱頭竄逃，一面尖叫著。但我們還在野外參加比賽，還領先其他隊伍；若是在現實世界中，伊薩克早已被救護車送往醫院了。我們讓他坐下休息幾分鐘並且安撫他，但坐下來似乎只會讓情況變得更糟。接下來三個小時，我們一路跟在他身旁走著，他仍一直抱著頭，發出痛苦的尖叫聲。但是，他沒停下腳步，就是一路走一路尖叫著。同樣都是痛苦，伊薩克選擇繼續走下去，不坐下休息。無論如何，他都是極為痛苦的；既然如此，何不繼續堅持下去，贏一場比賽？而我們確實做到了。

****

那麼，請你告訴我，對於個人或工作上的目標，你會像伊薩克一樣全力以赴嗎？或者是，經常在情況變得棘手時放手不管，因為這樣做似乎比堅持到底來得簡單？你總是在找藉口解釋為何做不到或不需要繼續，即使內心深處知道其實自己可以做到？你會不會在下午四點告訴自己：「啊，今天就做到這兒吧！天要黑了，天氣太冷了，或太熱了，或太潮濕了，或太（請自由填入）。我累了，因為前一天已經累癱了，可以明天再來完成吧？」

如果這些聽起來就像是你或你們團隊的作風，現在就請你發誓，加強事前準備工作，制定計畫，重新找回企圖心，未來能堅持不懈。如此一來，下次興致消失的時候—噢，是的，興致大部分都會在某些時候消失—你才會開始全力以赴，精進不懈；不論比賽有多麼令人難以忍受，也會堅持到底。

每當有人問我，在參加超過 35 場地球上最荒唐、最艱辛的多項運動賽中，到底是什麼動力驅使我走向終點。以下是我真心的回答：

每當我走投無路時、發抖時、哭泣時、害怕時、空虛時，我會想像自己再兩週後，就可以溫暖舒適地坐在自家後院，看著夕陽，喝杯紅酒，周圍是一群我愛的人陪著我，將這場不可思議的旅程拋諸腦後。留在我腦海和心裡的，是站在終點的成就感。即使身心俱疲、衣衫襤褸，但是有我的團隊陪在身邊，以及永生難忘的勝利或失敗的回憶。然後，我會想想相反的情節：我坐在自家後院，滿腹懊悔和疑問，事後檢討自己的個性，分析自己的缺點，擔心我的隊友會不會再次邀請我一起參賽。就在這一刻，我決定了自己想要活在哪一種現實中。

於是我繼續走下去。

全力以赴
企業個案研究

柯林斯（Jim Collins）和薄樂斯（Jerry Porras）在他們的暢銷書《基業長青》（*Built to Last*）中，針對成功經營至少一百年的企業進行研究，並與這些企業的對手進行比較。作者發現，這些成功的企業都有一套主導意識，公司內從高階到基層，每個人的行動都由統一的主導意識所支配。唯有那些願意全心全意融入公司核心價值的員工，才能成為團隊中的一份子。

不論你的團隊有什麼具體任務，當你開始鼓勵隊友承諾全力融入公司的核心價值時，例如精益求精，達成任務的可能性就能提高。當一個團隊致力於在所有事情上都精益求精，自然而然也能達到更具體的目標，例如客戶滿意度上升、業績增加、提升創新度、提高生產效率。對於公司而言，這基本上是好事。

同心協力入門練習：全力以赴

- 下次開會時，騰出一點時間，進行一場腦力激盪的集體討論，討論在達成目標途中可能會遇到的各種客户障礙與挑戰。進行一場正面的公開討論，討論你準備如何應付。把大家的想法都記下來，會議結束後，將這些想法分派給團隊，包括交換彼此的聯絡資料。大家的背景和資源各有不同，也有各自處理不同問題的能力，因此，讓大家交換聯絡資料，可備不時之需。將來有一天，大家都會成為團隊的救星。

- 每週五下午五點前，讓每一位隊員迅速記下 PPN 報告後，交給你和其他隊員。這有助於增進隊員彼此的關係，讓隊員分享彼此的想法。你也能藉此瞭解，他們已經完成了哪些作業，工作重點放在何處（是否需要改變方向），以及認為自己還需要什麼資源去達成目標。

- 問問你的隊員，為何會在這裡。他們從這份工作中得到了什麼？希望從這份工作中得到什麼？哪些是他們希望得到卻沒得到的？我想，你聽到答案後會相當驚訝。這道習題可以引導你如何激發、鼓勵你的團隊。這並不難理解，為了激勵團隊，優秀的領導者會為隊員想方設法做準備。既然如此，何不省下時間，直截了當地詢問他們怎麼做最有效？而不是用那套反覆試探的激發方式。

- 透過分組討論，要求你的隊員想像一下，對他們而言，成功是什麼樣子和感覺（雖然成功的框架早已定調），但不是要他們想像成功對組織有什麼影響（他們的確會稍微關心，只是不那麼關心）。讓他們想像達成目標的畫面，感覺會多棒，想像慶功宴和旅遊獎勵，拿到獎金後會買些什麼。你也可以玩個小遊戲，讓他們在紙條上寫下拿到獎金後要買什麼，然後將紙條收集起來，再一張張隨機抽出來看，讓大家猜猜是哪位隊員的夢想。對他們來說，成功必須成為「必要」，而不只是「想要」。讓他們需要成功的感覺和結果，達成目標的動力就會加倍增長。

2
將心比心

一個優秀的越野賽團隊要能運用四個腦袋、八條腿、八隻手臂……以及一顆心！

—世界級團隊座右銘

每天到公司上班，或一天結束後下班回到家時，有個人直視你的雙眼問你：「你還好嗎？」這時，你感覺如何？你可以感覺他是真心關心你，也會對你產生某種程度的影響。相反地，如果你一進門便聽到：「好吧，這些是你今天的工作……現在來瞭解一下狀況……這要在三點以前做完……」就像斷了電一樣，讓人感到不舒服，像是被忽視了。想要打造致勝團隊，將心比心、設身處地是基本要素。

我曾加入「梅瑞爾／桑菲爾冒險隊」（Merrell/Zanfel）到瑞典參加世界越野冠軍賽。為了橫渡冰川，我們要穿上防水鞋子。如果不想把腳浸泡在水裡，防水鞋是很了不起的東西。但是，當我的雙腳陷入冰河中時，河水竟然從鞋子頂端灌進後就倒不出來了。所以，接下來幾天，我的腳就像泡在浴缸裡，結果我得了戰壕足病。得了這種疾病，你的腳就會失去排水功能，水分會留在皮膚內層，也就是布滿神經的地方。每走一步，水分就會刺激那些神經末稍，感覺就像被電擊到。在比賽的最後幾天，我感覺自己就像踩在一片片破碎的玻璃上。

我努力撐住，靠著登山杖走完全程，但每一步都是那麼地艱難。

我可以感覺到，隊友們希望我走快一點，但他們知道吼我是沒用的。他們都頗能冷靜以對，特別是其中一位，伊恩·艾德蒙（Ian Edmond），他是我的救星。每次我落後時，他就會回頭扶我一把。有時他就默默走在我身旁，有時會說：「好吧，來首艾拉妮絲·莫莉塞特的〈小碎藥丸〉。」這時大家就會一起唱起歌。伊恩跟我很早就發現，我們都很會熟記歌詞與旋律，而且知道很多同樣的歌曲，對於某些專輯裡每一首歌的歌詞都同樣耳熟能詳。當我們在瑞典的冰川上蹣跚而行時，就一起唱著這些歌。我不知道這能不能幫我走快些，但伊恩知道，如果他能幫我轉移疼痛的注意力，對我會比較好。他知道我在受苦，身為朋友，他想替我分擔，幫我減少痛苦。如此一來，也是在幫我們團隊達成目標。

如果隊友丟下受傷的同伴逕自往前走，以為這樣可以讓落後的同伴腳步加快，這個團隊肯定會解體。如果團隊裡速度較快的隊員不顧落後的隊友，或是雖然對他們百般容忍，卻不願伸出援手，這種團隊通常已分裂成一個個小圈圈，失去了團結精神。世界級團隊不會這麼做。成功的團隊是由一群懂得同心協力的隊員組成，無論如何，他們都會同舟共濟。從比賽開始到結束，他們都會同進同退。遇到問題時，他們會照單全收，並且努力幫助落後的隊友改善情況。

當你打從內心試著分擔同伴的重擔時，你的團隊不但會更團結、更快抵達終點，你也能幫助自己成為更優秀的人，留下美好回憶。人們會永遠記住，在他們脆弱的時候，你是怎麼對待他們的。一直以來都是如此，最優秀的隊員永遠都要知道這一點。

換位思考

大多數時候，我們很容易陷入「自己的看法」中。怎會不是呢？我們用自己的雙眼看世界，還以自己的經驗和背景做為方向的依據。但是，人脈最好的成功人士都瞭解，為了與其他人建立良好的關係、互相激勵，你必須讓他們知道，你真心理解他們的立場、恐懼、情緒、動力和動力來源，這樣他們才會讓你幫助他們邁向另一種新思維。這是一把通往他們內心世界的鑰匙，沒有它，你就垮了。

最優秀的團隊領導者會不斷地替隊友設想，試著去看、去感受並體驗他們的觀點，藉此增進與隊員的關係；最重要的是，加深信任。當你相信一個人時，你會讓他鼓勵你、激發你。如果你覺得隊友從不曾努力換個角度看事情—除了他們自己的角度，也要從你的角度—如果他們只關心你能不能幫他們達到他們的個人目標，那麼，你們的合作注定會失敗。

2000 年，我們在婆羅洲參加大自然挑戰賽，連續四天不眠不休地在山野叢林中騎越野車、競跑、划舟；心力交瘁之餘，還要忍受高溫如桑拿房的氣候，以及寄生蟲的滋擾，這一切都是為了努力維持領先法國運動際隊的狀態。我們把划船工具綁在身上跑了 22 公里，終於來到轉換區，準備拿到新地圖後就跳上獨木舟，用整晚的時間划向瑪代洞穴（Madai Caves）。新一批地圖的唯一困難之處在於，好幾天沒睡覺的我們，必須絞盡腦汁規劃路線圖。即使雙眼模糊，我們仍要精確地找出一條航線，通往 64 公里外的一處小沙灘。要在強風中橫渡波濤洶湧的公海，就像大海裡撈針一樣困難。

我們試著催促導航員伊恩，要他快點完成這段辛苦的程序，以免讓法國隊趕上，成了被人利用的冤大頭。我們看著伊恩研究地圖、並且餵他吃點東西時的那幾分鐘，感覺像是過了幾小時，還要不時回頭瞄一下剛剛來時的山路，看法國隊是否已經跟上來了，因為他們隨時都有可能趕上。如果他們趕上我們，就可以省下研究地圖的精力，因為他們知道我們已經研究過了，只要跟在我們後面就好。

對我們所有人而言，這都是極大的壓力。如果伊恩不能盡快研究好地圖，我們可能要整晚迷失在海上，或是更慘；如果他花太多時間研究地圖，法國隊就會跟上我們。我們沒有多少時間可以停留，而且必須繼續保持領先。伊恩在研究地圖時，我們其他人準備船隻，補充背包裡的乾糧，吃點東西，做些任何能維持體力的事情。沒多久，我們已經整理好所有東西並且坐上船，只等伊恩上船就能立刻離開。我們瞪著來時的山路，明白此時是比賽輸贏的關鍵時刻，但仍要保持冷靜。

然而，經過一小時的等待後，我們失去耐心了，急著想離開。我心想：「這令人無法接受！搞這些地圖是能花多少時間？」我推了一下伊恩。

「伊恩，我們必須走了！」我大聲喊：「我們必須上船了，沒有時間了。你也花太久時間了，老兄。我們都不耐煩了。」

可憐的伊恩，這位研究地圖的專家已經盡最大能力尋找路線了，他完全有理由大發雷霆回罵我。他可以回我：「妳開什麼玩笑？我已經這麼竭心盡力，現在妳還來跟我說什麼『我們都不耐煩了』？你們都吃飽了，可能還小睡了一下。這一個小時，我一直絞盡腦汁

研究這些密密麻麻的線條和數字，計算路程，腦袋已經快爆炸了！」然後，我可能會以牙還牙回嘴，沒完沒了。這場衝突最後可能越演越烈，導致比賽進行不下去。但是，伊恩不會讓事件演變成這樣的。當我對著他大吼時，他安靜地繼續研究地圖，一面點頭一面聽我叫罵。待我吼完時，伊恩冷靜地抬起頭，看著我的眼睛，真誠且不帶一絲諷刺地說：「我知道，我知道。我可以想像你們有多火大。」好吧，我還能說什麼呢？他的那一句「我可以想像你們有多火大」完全讓我消氣了。隊友發脾氣時，他完全可以將心比心。他讓我知道，他理解我們的感受，也感同身受。於是乎，我的氣就這樣消了，是他讓我消了氣。我不再繼續惹惱他，反而問他有什麼需要幫忙的。

倘若每天的日常生活都能像剛剛那樣呢？本來可以輕易化解一件事，卻常將事情擴大。如果能讓其他人知道，我們注意到他們，也能理解他們，而且會設身處地替他們著想，就可能可以避掉 90% 與對方起衝突的機會。這不會太費力，只要在衝突即將爆發時拋開自尊，記住他們是要跟你一起跑向終點的人。要保持風度還是打架？都是你的選擇。

選擇培養換位思考的心態，不但能激勵隊友，還能與他們建立牢不可破的關係，就像我的一位夥伴在一場越野賽中對我做的事情。那是 2000 年在西藏參加的高盧越野賽，也是我們打得最漂亮的其中一場戰役。當時，我們正在一座大瀑布進行峽谷溪降，還領先其他隊伍。我們要從瀑布懸崖沿著 15 道水流滑降，順著繩索從上一塊岩石跳到下一塊岩石，一個接一個往下跳。在沿著繩索滑降的過程中，如果繩索用完了，就要被迫跳入寒冷的水潭中；儘管身上還背著沉重的背包，也要設法游出水面，找到下一道瀑布水流。

對我而言，溪降運動真是令人洩氣的恐怖經驗。由於隊友們太害怕被後面的隊伍趕上，所以想快點完成這個階段任務，沒察覺到他們已經把我丟在後頭了。等我發現時，已經落單了。我開始覺得要崩潰了，不但不知道自己身在何處，相信也沒人知道我在哪裡。我就這樣孤伶伶地被扔在寒冷的西藏，不知到底該往哪個方向繼續，因為每一層瀑布之間的岩石都沒做記號。

跳到第 10 還是第 11 層瀑布時，我已經哭了。一個小時過去了，還是沒看到隊友。我順著繩子面向瀑布往下滑降，這時繩子已經用完，我被迫掉到底下寒冷的水潭。背包浸滿了水，帶著我往下沉，我在水裡奮力踢腿，拚命地想要游回水面，幾乎要走投無路了。

就在即將浮出水面時，我看到一隻手朝著眼前伸來。我不知那是誰的手，但我不管，那是我的救星。於是我立刻抓住他，用僅剩的力氣抓住他。我感覺到自己被拉到水潭邊，像個布娃娃似地被拖出水面。

就在那裡，站在我上方的是我的隊友約翰。看來他發現到我不見了，而且停下腳步等我。我永遠不會瞭解他是怎麼發現的，因為我的團隊已經進入「自己顧好自己」的模式，但他就是有這種意識，內心深處知道我在受苦。約翰相信我能靠自己做到，但也不希望我太勉強。與其證明他自己有多厲害，與其拚命搶在隊伍前面，他知道更重要的是，沒有隊員走失或落單才是團隊精神。相信我，你會永遠記住掛念著你的人。

在職場和人生中，我們花了很多時間和精力，向大人物證明自

己有多優秀，能獨當一面；但是，我認為更重要的應該是，向你的團隊證明你是誰。與其試著讓同事對你印象深刻，不如把焦點放在激勵他們。相信我，如果你這麼做，兩者的目標都能同時達到。必須學會換位思考，做個會回頭拉別人一把的人，成為大家都知道你是靠得住的人，這才是我在職場或生活中想要合作和相處的對象，也是我每次選擇隊員時想要的人選。

建立深厚的人際關係

任何稱職的業務員或經理，對於所有產品或服務的特色與好處都能朗朗上口；但是，最能維持優秀業績的業務員都瞭解，與客戶建立一個信任、密切和真誠的關係平台，才是達到工作效率和有效溝通的關鍵。我所指的溝通或面談，不是那種你說句「好吧，我做了一個很棒的簡報，希望他們都會喜歡」就算過關了。那種能讓你過關的溝通或面談，是要真正瞭解客戶為何會喜歡你的產品或服務，為何長期以來要採用對手的產品，或是該怎麼做才能拿到他們的生意。與客戶建立起這種信任和關係會有多棒？這種資訊多麼有用？基本上，你不但能過關，還會拿到未來的成功藍圖。

經驗最豐富的隊員（就是正在跟客戶進行任何互動時候的你）都知道，在關鍵時刻來臨前，你必須和對方建立起人脈關係。想要與客戶建立起信任關係，打開他們的心扉，必須有一個契機，讓他們知道你是以人的角度關心他們，而不只是為了生意。如果客戶喜歡你、相信你，就會將生意交給你，而且還會告訴你如何得到這筆生意。不論是透過哪一種事物建立關係，即便是些芝麻小事，例如說說你喜歡他們的手錶，討論他們在辦公室放置的非洲旅行照片；或是注意他們公司曾獲得什麼獎項，提出來聊一聊並恭喜他們。反之，如果不事先建立必要的人脈關係，你的產品或服務—不管有多優秀—就不可能見光。這並不難，就是人情味。

這都是我們所有人的共通點：想要被看到、被瞭解，希望別人對我感興趣。我們天生就有這種建立人脈的能力和渴望。不過，令我感到訝異的是，為了成為心中自認為的「專業業務員」，我們經常漠視這種能力。從什麼時候開始，做人變成不專業的意思了？

剛踏入銷售業時，公司就要我們錄製無數支產品簡報影片。在影片中，我們機械式地指著廣告小冊子上的產品，對著空氣介紹產品的特色與優點，還要練習正確的握筆姿勢，排練如何在最後緊要關頭詢問艱難的挑戰性問題，以及其他相關的訓練。噢，我們一定能凱旋歸來！

嘿！那是個好的開始。這其實是個優秀的訓練方式，我並不是在挑剔，而且我很感激他們在我們身上進行的投資。但我要告訴你的是，我的業績是從什麼時候開始攀升，進而成為全公司銷售業績排行榜的冠軍，以及最後如何在這家被《財星》雜誌評選出的世界前五百大製藥公司中，當選年度新人。我必須經常拜訪醫生，向他們推銷藥品，也知道他們對我一再拜訪並介紹相同的藥品感到厭煩。於是有一天，我決定拿一些最近參加鐵人三項競賽的照片去拜訪醫生。「搞什麼啊？」我心想，至少今天的拜訪不會枯燥乏味了。跟醫生分享照片時，事情有了變化。當我開始展現出一點真正的我，

而不是那個拿著筆、指著廣告小冊子講解產品特色的我時，醫生也開始分享他們自己的冒險故事。他們告訴我關於他們孩子在高中參加田徑運動的事，以及他們的妻子也夢想在四月生下第一個孩子後參加鐵人三項，諸如此類的故事。他們整個人都亮起來了，充滿活力。不用幾天的時間，我更加瞭解這些醫生了，比我認識他們這一年來知道得還要多。對他們來說，我也突然變成真正的人，而不是穿著套裝、帶著一包藥品要說服他們拿去當處方用藥的人。

我的銷售工作會成功，是因為我發現，有時候做買賣的最好方式就是做朋友。醫生會期待看到我，我也期待看到他們。我們會聊高爾夫球、騎單車、冒險運動、孩子、夢想，而且不消幾分鐘，他們就會卸下醫生的角色，回到他們內心運動員或冒險家的角色，或像父母一樣提醒我做了什麼事會讓關節出問題。就在他們準備要看下一個病人時，幾乎都會開玩笑地問我：「好了，現在我又該開哪一種藥呢？」然後我會開始推銷藥品，他們也都會接受。到最後，真正的推銷時間通常不到 30 秒，只要最後記得提一下產品就好，或是稍微提到我們最新研究發明的藥品。就算我推銷的藥品跟其他幾個競爭對手幾乎一樣，但是業績仍然不斷蒸蒸日上，因為我的客戶就是我的朋友。

我知道，這麼多年來，時代已經有所改變，許多人與客戶之間的互動不再那麼簡單，但有件事永遠都不會變：只要是人，都希望被看到、被聽到、被瞭解。這聽起來可能很奇怪，但我相信，我們必須要有點愛上自己的客戶和顧客；不過，不是偷偷摸摸、令人感覺不舒服的那種，而是要巧妙地讓對方知道你關心他們，支持他們，可以讓他們依靠，好讓你們共同創造雙贏。身為消防員，我每天都愛上我們接手的病患。在我照顧他們的時候，我愛他們；雖然時間很短暫，但這是真的。這是一件非常酷的事情，就算拿全世界跟我交換，我也不願意。當然，大部分結果總是讓我悲痛萬分，因為將他們送到醫院之後，我們通常再也不會知道他們的後續情況。但我珍惜與他們共處的時光，這對我們雙方都有療癒效果。

我曾經接到一次緊急醫療任務，要照顧一位美麗的 80 歲老太太，她名叫瑪格麗特，我想我這一輩子都不會忘記她。我立刻看出她來自紐約，跟我很像，我們很快就感到親近起來。當時她因心臟不適而感到害怕，醫護人員立刻為她進行靜脈注射、拿出各種醫療器材進行診斷時，我被允許跟在一旁照顧她。這是我最喜歡的部分，因為我是緊急醫療救護技術員，照顧她是我的工作。當醫護員將心電圖的貼片貼在她胸口上測量心律時，我握住她的手，和她聊家裡的事、她的貓，以及她的家人。送她上救護車時，我也跟著上車一路陪她到醫院。我握著她的手，撫摸她的頭髮，告訴她一切都會沒事。她緊握著我的手，讓我知道她還在；儘管她可以選擇就此撒手，脫離痛苦。當我們推著她進入急診室並放開她的手時，她望著我的眼睛，用天使般的表情說：「我愛你。」毫不遲疑地，我回答她：「我也愛妳。」我是真心這麼想。然後我靠近她，親了她的額頭，眼淚從我臉頰流下。我知道我可能再也看不到她，就像之前照顧過的大部分病患；但是，她會一直在我心中佔有一席特殊位置，就像我曾經愛過的某人一樣。

人脈關係的力量有時沒有界線，美得讓人心碎、深不可測，可

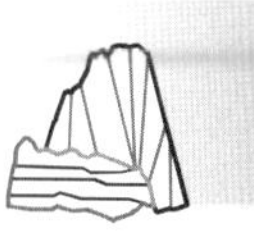

以維持一瞬間或一輩子。我承認，這對一本企業管理著作而言是離題了，但是，嘿！這是我的書，對吧？我真心相信，在職場和生活中，施與受同等重要。如果你開始在職場或生活中施予愛、付出愛，就會加倍得到回報。所以，展現出你的人情味吧！不要害羞。出來面對大家，不要躲在廣告冊子和產品背後，做你自己。如果能為其他人帶來光明，就表示你能讓他們感到舒服自在，也讓他們感覺自己受到勉勵與重視，覺得自己是明智的（而不是感覺到被出賣），這樣他們也會有所回應。與他人建立人脈關係，愛上對方一、兩分鐘，都是能讓人肯定生命價值、嘆為觀止的事情。在我看來，這就是 Oreo 餅乾裡的奶油夾心。

我見證過最棒的人際關係建立案例，是在 2002 年的斐濟大自然挑戰賽。這場比賽中幾乎所有人，包括我們團隊所有四人，都感染了梨形蟲病，那是一種腸胃炎。梨形蟲病是接觸到微生寄生蟲污染的水所引起的，會引發腹瀉、脹氣、鼓脹、嘔吐、發燒、疲倦、脫水等症狀。當你正與三位夥伴一同努力穿越悶熱的叢林時，這些可不是什麼好症狀；特別是其他三位夥伴的狀況都一樣慘，比賽可能會因此中斷。五天下來，這些寄生蟲害我們每 15 分鐘就上吐下瀉一次，體內的東西幾乎要被掏空似的，既噁心又恐怖。我們那不屈不撓的隊友麥克．崔斯樂（Mike Trisler）曾是美軍突擊隊員，還拿過最佳突擊兵競賽冠軍，結果他的情況最嚴重，但我們不可能放棄這場比賽。

來到划舟階段前，已經比賽好幾天了。賽會主辦方為我們每一人都提供了充氣式皮艇，並設定傍晚六點為天黑停賽時間。這表示我們必須在六點前完成划舟項目，抵達下一個轉換區，否則仍要中途停賽，上岸過夜。我們縱身投入這條激流程度達二級的河流，決定在期限內完成這段划舟項目。但是，可憐的麥克發燒體虛，完全撐不下去，只能躺在他的小艇上，有氣無力地拿著划槳輕輕劃過水面，希望這樣就能前進，但小艇實際上一動也不動。他時而清醒時而昏睡，有時像無頭蒼蠅一樣亂划，有時原地打轉。他已經無法控制自己的身體，於是我們用拖繩將他的船和我們其中一艘船綁在一起，這樣才能一起繼續前進。三個小時下來，麥克因嚴重腹瀉而在船上積滿了排泄物。是的，真的對你們感到非常抱歉，我的新朋友，我要在這本書談排泄物。不過，每一位選手都知道，會談論到這個話題也是無可避免；而且，在陪練員之間，這也是大家普遍會討論的問題。喔，我又離題了。

麥克船上的排泄物已經積了十公分深，在我們將他拖上岸之前，他還要躺在裡面四個多小時。他連抬頭的力氣都沒有，全身和背包都沾滿了排泄物。

四點過去了，我們繼續划著。五點也過了，我們越來越著急。我們大喊：「快點，麥克！快點，老兄！不要停。」但是，他能做的頂多是把槳舉高停在空中，就像一個管弦樂隊指揮正在做一場惡夢。願老天保佑他，他已經盡力了。

終於，在截止時間前五分鐘，我們看到關卡就在眼前，我們就要做到了。哇呼！主辦方發出信號，示意我們已經在時間截止前兩分鐘通過划舟階段，可以繼續下一階段的行山項目了。我們把船划到河流的另一邊拖上岸，除了麥克，他整個虛脫動不了，還漂在河

流上。另兩位隊友突然想要「看一下地圖」，只剩我一人照顧被一堆穢物淹沒的麥克。他從頭到腳都沾滿了排泄物，非常噁心。我將麥克拉出堆滿排泄物的小艇，他無法站起來，所以我讓他浮在水面上，試著讓河水沖掉他身上和背包上的排泄物，但似乎沒什麼用。我心想：「已經沒有辦法讓這傢伙繼續走下去了，下一關要在叢林中長途跋涉 20 公里，他病得這麼重、這麼虛弱，真的沒有辦法。」

我讓麥克的手臂和背包搭在我肩上，步伐艱難地扶著他渡過河流。因為負荷不了麥克的體重，加上河底太滑，所以我一路踉蹌地渡過河水。突然間，我看到對岸有個壯漢從圍觀的人群中走出來，踏進河裡，涉水向我和麥克走來。他走到我們面前，抓住麥可那搖搖欲墜、渾身發臭的身體，把他接了過去，然後扛著他渡過河流。

「跟我來。」他轉過頭說：「到我家來，我太太會拿東西給你們吃，可以幫你們清理。」

這時其他隊友才圍過來，我們不可置信地相互對望。我們跟著這名男子一一個從天上掉下來的完美大禮一他扛著我們那全身骯髒、發臭、濕漉漉的隊友，就像對待孩子般親切有同情心。他身高一米八，深褐色皮膚。後來我們得知他是當地村民，因為聽說一群無聊的外國人到這塊島上最偏僻的荒山野嶺舉辦越野賽，所以好奇前來看看熱鬧。他看到我們陷入窘境，不但沒幸災樂禍，反而伸出援手。

我們跟著這名男子爬上一處小坡，來到他的小屋。那是一間用茅草搭成的簡陋小屋，有兩個房間，屋內地面是泥土地板。角落的簾子後面是一張床，是他和妻子睡覺的地方，孩子們則睡在火堆前的地板上。我們的救星和他的妻子在屋子後方幫麥克脫掉衣服，拿水倒在他身上，把他的身體清洗乾淨，再將他扶到他們唯一的床鋪上，幫他蓋上他們僅有的幾條毛毯。他們給我們每人一條毛巾和僅有的一點被褥（並不多），並且讓我們脫下外衣。那名男子把我們的髒衣服帶到河邊清洗乾淨，他的妻子煮了米飯給我們吃，還為我們生了一個火堆，把孩子的墊子讓給我們睡。

我們在他們家休息了四小時，這是我從未有過的最美好經歷。對團隊所有人而言，這次經歷影響深遠。他們就像天使般從天而降，餵我們吃東西，幫我們洗衣服，讓我們睡在他們的小屋裡。還不只如此，稍晚麥克恢復了些力氣、可以走路時，我們也該上路了，那名男子還光著腳帶領著我們走完全程 20 公里山路。到了下一個關卡後，他還把我們交給他的朋友照顧，然後才轉身回家，從此消失不見，我們再也沒看過他。

那名男子和妻子完全不求回報，只想照顧我們，送我們上路，讓我們看到斐濟人的精神。這場比賽快結束時，已經有好幾組隊伍四分五裂，但我們沒有。帶著那對夫妻滿滿的愛心，我們一起走完接下來的賽程，成為第四組抵達終點的隊伍。每當我想起這段往事，想起這對夫妻為我們所做的一切，就會淚流滿面。他們自己一無所有，面對一群完全不認識（而且渾身髒兮兮）的陌生人，卻願意拿出僅有的一切幫助我們。他們的無私與善良美德，至今仍讓我敬佩不已。就我的經驗看來，人與人之間的關係是世上最強的推動力。

當事情不再照著你的計畫走，你一開始希望得到的報酬也不再重要、或不再有意義時，能讓我們一起堅持繼續走下去的，是我們

對待彼此的善心與同理心。斐濟那對夫婦不但挽救了我們的比賽，某種程度上也可能救了麥克的性命。他們和我們建立起如此深厚的淵源關係，已超乎任何無私的善行，是我一生中從未見過或親身經歷過的。我永遠不會忘記他們，而他們送給我們團隊的大禮，不但鼓舞了我們，也展現出人文精神的崇高一面。我會永遠銘記在心。

指導 vs. 批判

當你在討論一些必須改變的事情（像是「你」需要接受更多培訓，「你」毀了那筆交易，「你」準備得不夠），無形中給人的感覺就是在指責某人，隊友就會立刻在你們之間築起一道防護牆。但如果你給人的感覺是關心（例如，我看到了一些情況，把你的難處告訴我，我可以幫上什麼忙，你需要我們提供什麼資源才能達到目標），對方就有更大的機會接收到你善意的訊息，問題也會有所改善。批評他人很容易，但指點你的隊友，丟一個救生圈給他們，讓他們知道你相信他們，這麼做雖然難多了，卻更加值得。有些行為必須改變時，你要自動自發地向隊友伸出援手，而非指責。如此才能距離目標更近，同時成為更受人尊敬的領導者。

我們是在為人工作，不是為了公司

一開始，我們都只是為公司工作，但是在不知不覺中，最後都是為周遭的人工作，為領導者和隊友工作。你周圍的人是你每天早起的理由，他們是讓你感到舒服自在的泉源，也是你想要鼓勵的對象。你會想和他們一起歡笑，想管管他們的閒事，也希望受到他們鼓舞。我們都有這樣的經驗，會待在一家公司非常久，是因為離不開出色的領導者或優秀的團隊。反之，如果有人會逃離一家擁有許多升遷機會的好公司，那是因為他們的領導階層或團隊雜亂無章，因此寧可斷尾求生，也不願在公司多待一天。

想要建立一個高績效組織，就要從你每天在團隊中扮演的角色開始。在如何對待員工方面，你要為團隊製造志同道合的氛圍，為團隊做好準備，確保周圍的人都能獲得重視、信任和勉勵。你每天都必須扮演隊友們希望看到的形象，讓他們相信你能當機立斷，成為他們的動力。到最後，他們會為了你工作，也會為了彼此而工作，而不只是為了公司。有智慧的團隊領導者總是能記住這一點。

2007 年 10 月底，一場由焚風引起的猛烈山林野火，席捲美國加州的聖地牙哥。10 月 23 日清晨四點半，消防局接到通知，要前往伯納度牧場（Rancho Bernardo）郊區支援滅火，因為火勢突然急速蔓延到該區，威脅到數百戶住家。在前往火場的路上，我們陸續聽到許多可怕的消息，譬如有居民被困在自家樓上或游泳池。

我們是第一批抵達火場的消防隊，一到現場就發現最可怕的惡夢才剛要開始。現場火苗四處亂竄，一棟棟房子相繼著火，火勢不斷地往周圍街區擴大蔓延，看起來就像是人間煉獄。我們決定每組消防隊各負責一個街區，於是我們這組人員一路將消防車開到還無人接手的街區。跳下消防車時，我們那位茫然不知所措的消防局長，丟給我們最後一句話：

「你們盡力吧！」剎那間，我覺得自己好渺小、好卑微、好害怕。

我和組員分批前往一間間房屋查看，有些已經燒得差不多了，我們只好放棄，到下一間看看，現在只能將保護重點放在還未被火苗吞噬的房子。然後，我看到一棟房子的屋簷才剛被火燒到一點，心想可能可以救下這棟屋子。當我拖著水管經過草坪時，聽到自己的腳踩到一些東西的聲音。在天色尚未全亮的光線下，我可以看到自己站在一堆散落在草地的相框上。我猜想，住在這裡的居民，可能是一面逃生時，一面盡量隨手帶上他們想帶走的東西，希望這些東西不會葬送火海。這些照片中，有小女孩穿著芭蕾舞衣和舞鞋，有男孩在踢足球，還有一張是胖嘟嘟的小嬰兒，有一張是得意的爸爸和媽媽身邊圍繞著一群微笑的孩子。

就在這剎那間，我的腦海中—以及內心—閃過了一個念頭。這棟房子不再只是我們在這個小鎮上隨機遇到的房子，而是這一家人的家；我也不再只是為聖地牙哥消防局工作，而是在為這家人工作。

突然間，我不再覺得自己卑微渺小，也不再感到害怕，頓時打起精神振作起來，一定要竭盡所能救下這棟房子。我把組員都叫過來，開始撲滅屋簷上的火苗，搶在火勢擴大前用水管沖刷所有東西，並且移開擋住通道的東西。我看到後院有個小足球網和娃娃屋，心想那個小男孩和小女孩絕對會想要留下這些東西，於是將它們移到對街，防止它們被踩壞或燒毀。不知不覺當中，這一家人已經跟我們建立起某種程度的人際關係；就是因為這種關係，讓我們更努力滅火。而且，我們最後真的救下了他們的房子。

隔天火勢控制住，一切都穩定下來後，我們回到這個社區，來到這戶住家門前，看到這一家人站在前院的草坪上互相握著手，看著他們的房子，那位媽媽感激得掉下眼淚。對所有人而言，這一刻是如此感動，因為我們確實與他們建立起圓滿的關係。

我知道，有時如果讓其他人「看到」真正的自己，告訴他們關於我們自己的生活，感覺會很奇怪；但是相信我，他們會想要瞭解你，會想要與你更親近。當有人想為你這個人做事、而不是為了你名片上的頭銜做事時，是一件很美好的事。人與人之間的關係是地球上最強的推動力，何不利用這種力量與工作夥伴建立良好關係，成為他們的動力？

將心比心
企業個案研究

2011 年 2 月，《財星》雜誌發布年度「百大最佳雇主」名單，總部設在美國北卡羅萊納州的軟體公司賽仕（SAS）已連續第二年榮登榜首。賽仕公司內部設有保健室，也為員工的孩子設立托兒所、舉辦夏令營，還提供健身房、美容院、洗車服務、員工活動中心、工作分擔計畫、在家辦公計畫，以及其他一連串大多數員工夢寐以求的福利。賽仕的一名經理表示：

「員工會留在賽仕，大部分是因為感到很幸福。但是更深入地說，我認為員工不會離開賽仕，是因為他們感覺自己受到重視，覺得自己被看到、被照顧、被關心。我自己就是因為這樣而留下來，也因為這樣而喜愛我的工作。」[1]

不只是他這麼認為，根據賽仕公布的幾項內部報告，該公司人事流動率只有 2%，多達 45,000 名求職者競爭 151 個職缺，2009 年的營收達 23 億美元。

---

1 "100 Best Companies to Work For," Fortune, February 7, 2011, http://money.cnn.com/magazines/fortune/bestcompanies/2011/snapshots/1.html (accessed April 6, 2011).

如此看來，「幸福感」這個東西在賽仕運作得非常好，相信它一定也能為你的團隊帶來利益。

同心協力入門練習：將心比心

這裡有一道好玩的同心協力入門練習題，可以讓你的團隊試試（對了，在團隊聚會時，這也是個很棒的開場活動）。讓每個人填寫一座屬於自己的人生金字塔，包含人生的三個目標、兩件能讓其他人知道時感到驚訝的事情、一件人生中的顛峰經歷，一起討論如何幫助隊友達到這些目標。以下是我自己的例子：

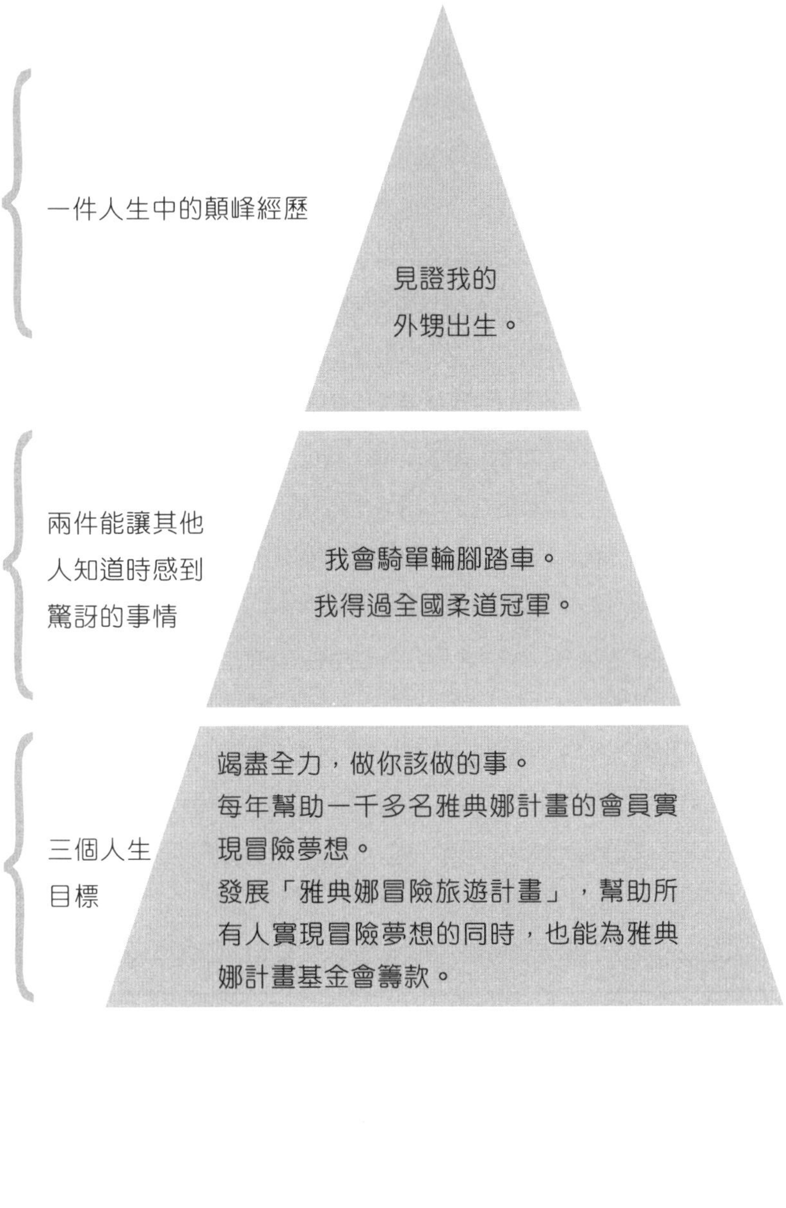

一件人生中的顛峰經歷

見證我的
外甥出生。

兩件能讓其他人知道時感到驚訝的事情

我會騎單輪腳踏車。
我得過全國柔道冠軍。

三個人生目標

竭盡全力，做你該做的事。
每年幫助一千多名雅典娜計畫的會員實現冒險夢想。
發展「雅典娜冒險旅遊計畫」，幫助所有人實現冒險夢想的同時，也能為雅典娜計畫基金會籌款。

3

逆境管理

改變是世界上唯一不變的事，面對影響我們成功的變故，我們應該有所回應。

—鳳凰城消防局長布納奇尼（Alan Brunacini）

大家都知道，不論我們多麼努力，做了多少計畫，瞭解多少，做了多少準備，有時候事情就是沒有好結果。前陣子網路上流傳著一系列「功敗垂成」（anti-Successories）的海報，你可能已經看過其中一幅海報，描繪著一條逆流而上的鱒魚被熊一口吃掉的情形。那條鱒魚可能已經逆游了好幾個星期，要去上游的產卵區；然而，就在途中躍出水面的那一刻，恰好被一頭正在涉水過河、幸運的熊張嘴一口吃掉。海報上的圖說寫道：「一千哩路的旅程，有時到頭來就是功虧一簣。」大家都知道，我們有時候會是那頭熊，一切都是這麼順利，就是這麼巧有一隻魚躍出水面，直接跳進我們的嘴裡；但有時候，我們會是那條魚。所以，身為優秀的團隊打造者，如何在逆境困頓中繼續鼓勵團隊呢？換句話說，高績效團隊又該如何應付艱難時機，如何隨機應變、兵來將擋，好讓他們可以年復一年堅持到底，達成目標？最重要的一件事，就是先從立定志向、建立正確的態度開始。

挑戰 vs. 障礙

我比較喜歡跟來自澳洲和紐西蘭的朋友一起參賽，最主要原因是他們的態度。我那群來自澳洲的朋友總是將這句話掛在嘴邊：「別擔心，夥伴！」而且，不管發生什麼問題，我那位來自紐西蘭的隊友最愛說這句：「噢！沒事兒，一切都會過去的。」當你告訴他們：「夥伴，你的腿受傷了！」他們就會回答：「噢，沒事，會過去的，只是皮肉傷。」跟這些傢伙在一起，每天就像是在上演電影《聖杯傳奇》（Monty Python）似的。跟我最喜歡的隊友一起參加歷時十天的越野賽，一直都是有趣且具挑戰性的旅程。我們一起穿越地球上最荒涼偏僻的地方，隨時都會遇到狀況，一起應付一連串的問題，掃除障礙。若是跟不合適的隊友一起參賽，每件事情都會破局，每場比賽都會慘敗，就算是集體討論時也想不出什麼好主意。我喜愛那兩位來自紐西蘭和澳洲的隊友，因為在他們心中，沒有一件事是注定失敗的。他們相信，任何事情總有一天會船到橋頭自然直。如果說他們只是用自我安慰來增加信心，這說法就不恰當了，因為信心可以帶來希望，而希望正是讓我們堅定意志繼續比賽、集體討論解決方法的原動力。當有人告訴你：「嘿，我們遇到了挑戰。」你應該要相信自己有能力隨機應變，相信擋在眼前的只是另一個證明自己的機會。

反之，若有隊友放棄希望並說：「完了，我們無計可施了。」那大家就沒辦法群策群力了，只會覺得六神無主。這並不表示我們不該靈活變通，在必要時來個 180 度大轉變，因為這也是一種重要技能。不過，最優秀的團隊打造者，應該要以積極的態度來個 180 度徹底轉變，就像只是遇到一個全新的挑戰。

唯有一次讓我的夥伴尼爾．瓊斯承認，我們遇到的是障礙而不是挑戰，是 2001 年在紐西蘭參加的世界越野冠軍賽。當時，尼爾正和我一起划著雙人皮艇前往下一個關卡，那個關卡是設在一處暴風肆虐的海灘。在整個六小時的划舟過程中，我們經歷了波濤駭浪和狂風暴雨。而且，當我們接近終點時，海浪已增至兩公尺高，我們眼看著巨浪吞沒了其他團隊，又把他們拋了出來。對於在大浪中划船，我沒有多大興趣，尤其我們是坐在這種容易破裂的碳纖維製皮艇上，上面還載著我們所有人比賽用的指定裝備。我嚇得不知所措。當我們靠近海灘時，出現在眼前的情景，就像是在擺地攤，背包、划槳、乾燥包等物品，到處漂浮在水面上；還有幾艘無人的皮艇，有許多都已破成碎片隨著浪潮四處漂散。

當我心慌意亂時，非常需要有人安撫。因此，在我們划向岸邊的最後幾分鐘，我不斷地朝著尼爾大喊：「我們會沒事吧？」

「噢，是的，夥伴，我們會沒事！繼續划。」他喊道。

呼！尼爾說我們會沒事，我就鬆了一口氣。我一面這麼想，一面更用力地划著槳。接下來的幾分鐘，我們這樣一問一答又來回重複好幾次，尼爾依舊耐心地回答我：「噢，我們很好，夥伴！就像在我紐西蘭的老家一樣，輕鬆地過著日子呢！」

但我最擔心的事還是來了。幾秒鐘後，另一波兩公尺高的巨浪直接朝我們的船底襲來。當尼爾弓身護住我的頭時，低頭看著我大喊：「噢，夥伴，我們完了。」

除非尼爾確定我們真的完了，而且他也覺得自己撐不下去了，否則不會讓我知道，這樣我才能懷抱著希望、而不是害怕的心情繼續划下去。相較於懷抱著恐慌的心情，懷抱著希望做事更能達到事半功倍的效果。安定人心和鼓勵士氣，可以讓我們在狂風駭浪的包圍中繼續前進—這就是世界級的團隊打造者應該做的事。

必勝的希望 vs. 失敗的恐懼

當我們面對挑戰時，不論是在運動、學業、商場或人際關係上，有許多人都是抱著害怕失敗的念頭在做事情。我們會專心一致，把重心放在避免期望落空，並且試著將進度超前一點。但是，最優秀的團隊打造者卻有不同的心態。當然，他們知道有可能失敗，也準備好對付突如其來的阻礙，但他們會專注於盡一切努力爭取「成功」，而不只是「不要輸」，這兩者之間有著既微妙又深刻的差別。

這種專心致志、有志竟成的深刻道理，是伊恩．亞當森在 1998 年一場比賽中教會我的。那是一場為期九天的比賽，我們要在厄瓜多翻山越嶺，當時比賽已經來到第七天，期間我們一直與法國隊不相上下。雖然我們一度領先法國隊 24 小時，但就在即將抵達終點的前一刻，我們和法國隊再度陷入僵持。最後來到急流泛舟的階段，當我們團隊跳上船時，法國隊也緊追在後。我們奮力往前划，想要拉開兩隊之間的距離。當時我因為非常「害怕失敗」，一直回頭看他們是不是追上來了，或是還落後我們很多。過了一會兒，坐在我身後的導航員伊恩開始對我的行為感到不耐煩了。就在我第 30 次回頭時，他開始舉起他的手擋住我的視線。就在我第 60 次回頭時，他整個抓狂，把他的划槳丟在船上（結果沒有人在掌舵了），抓住我的頭頂，把我的臉轉回前方，並且在我耳邊咆哮：「你要的冠軍是

在『那個』方向。」

我必須老實說，伊恩那番激勵士氣的話，對於現在的我而言，比當時聽來更有意義。因為在當時接下來一小時裡，我一直在想要怎麼整治他，譬如把他和船上最重的袋子綁在一起，然後一起丟到海裡。

不過，坐在船上另一邊的隊友史蒂夫聽到伊恩這番話之後，很幸運地，他的腦海中閃過一個並不邪惡、而且基本上是更有用的想法。要怎麼做才會贏呢？這個突如其來的新念頭讓他開始想方設法，要運用我們僅有的工具，大幅拉開我們和法國隊之間的距離，因為我們只領先法國隊一點點，實在無法令人安心。由於史蒂夫把重心轉移到怎麼做才能贏得比賽，並沒有沉浸在害怕失敗的恐懼心理中，所以想出一個非常驚人的辦法。

在下一個轉換區，每一組隊伍都要換下泛舟用的船，改換兩艘充氣式獨木舟，繼續划向終點。當我們在準備換裝備時，史蒂夫告訴我們，他想到了一個辦法，要我們相信他。法國隊很快就換上獨木舟回到河裡，而我們還在岸上焦急地等著史蒂夫說出他的偉大計畫。這真的很冒險，法國隊很快地朝終點划去，一會兒就不見身影；而時間一分一秒地過去了，他們距離我們越來越遠。滴答滴答，時間一點一滴地在流失。

「把我們的登山繩拿出來，」史蒂夫一面說一面動手往工具箱拿東西：「還有皮艇的雙葉槳。」

皮艇的雙葉槳？但這是獨木舟。法國隊已經離開 15 分鐘了，但史蒂夫太專注於贏得比賽，沒空跟我們爭辯這些。他拿了我們的登山繩，開始套進兩艘獨木舟邊緣的鐵圈，試著將兩艘船綁在一起。其他隊友似乎感覺到他要做什麼了，一起上前幫忙。我準備好所有皮艇的雙葉槳後看著時間，20 分鐘……25 分鐘……30 分鐘。我們是在坐以待斃，還是在進行一項高明的計謀？只有時間能證明。

40 分鐘後，我們終於回到河上，開始急起直追。現在是所有隊員一起在划槳，基本上，是用皮艇的雙葉槳在兩艘合併而成的獨木舟兩側划水，就像是在划一艘大船，而不是只能在一側划槳的獨木舟。我們飛速前進，用五支划槳同時划水，整齊劃一地執行著超越法國隊的任務。這種感覺令人難以置信，也令我永遠無法忘記。我們花了三小時趕上他們，這幾個小時真是緊張萬分，但我們還是辦到了。剛開始看到他們遠遠地出現在前方時，就像看到兩隻小蟲子用力鼓動著翅膀，然後慢慢地、自然而然地蛻變成兩隻灰色的蜈蚣，還有許多雙不停蠕動的腳（沒錯，當時我肯定是因為太睏而昏頭了），最後變成了法國隊選手。此時，他們肯定還抱著一線希望，心想身後傳來的划水聲只是幻聽。超越他們的那一刻，是我比賽生涯中最難忘的一刻。當他們一起轉頭，看著我們這艘「史蒂夫葛尼號飛彈」經過他們身旁時，因為太過驚訝，導致他們其中一艘船在水裡幾乎打轉了 360 度。

與法國隊不相上下地比賽八天下來，我們都稱他們「魔鬼終結者」，因為他們就是不會倒下。然而，現在我們終於超越他們，而且是頭也不回地超越，好像他們就在那兒靜止不動似的。最後我們領先他們兩小時抵達終點，也成為第一支奪得重大國際越野賽的北美國家隊伍。

帶著從厄瓜多學到的「必勝希望」的態度，我們參加了下一場世界越野賽，也就是 2000 年的婆羅洲大自然挑戰賽。一個小小的態度轉變，在我們的比賽中產生了決定勝負的關鍵時刻：我們不是要打一場大勝仗，就是要失敗成仁。比賽進行到第三天晚上時，我們正在河邊一條山路行進，要前往下一個轉換區。根據地圖，目前應該是行山階段，而這條山路顯然是唯一通往目的地的路線。我們估計，抵達下一個轉換區之前，至少要走五小時山路。我們低頭看著這條泥濘崎嶇的山路，上面還有野獸踏過的痕跡，看來這條路可能遠比地圖上看到的更極具挑戰。我們就像漂浮在水面上的綠藻般移動著，天色越來越暗。整晚都在荒山叢林裡行走，一路上危機四伏，隨時都有可能遇到危險，我們開始產生極大的壓力。這時，伊恩突發奇想。

「嘿，為什麼不乾脆跳進河裡，讓河水帶著我們流往下游？這水流速度比我們的腳程快多了。」

我們轉過頭看著這條奔騰而過的河水，這可不是什麼涓涓細流的平靜河流，而是急川激流，瘋子才會跳進去。在黑夜中跳進激流必死無疑，風險太大了。

這想法還真是天才！

不過，我們知道其他團隊作夢都不會想到跳進河裡這一招，所以這方法聽起來更誘人，就像是發現了一種沒人知道的祕密武器。我們知道，其他團隊都是這樣想的：「我們必須沿著這條山路一直走。若是不想輸，只要走得比其他團隊快一點就好。」這就是因害怕失敗而想出來的策略。不過，像伊恩這種「讓必勝的意志來支配」

的競爭對手，就能跳脫框架，想出與眾不同的辦法。這招的確有風險，但有時候，這就是成功的必要條件，而不只是不會輸而已。

我們討論了跳進河裡會有什麼好結果和壞結果。最好的結果就是，能讓我們搶先其他隊伍抵達下一個轉換區；雖然所有人都會變成落湯雞，身體會有碰撞傷，但結果會是大獲全勝。最壞的結果是，可能會有人因此喪生，日後將追悔莫及。不過，實際情況應該不會這麼極端，可能介於這兩種結果之間。我們最後決定，這樣的冒險仍值得一試。在一場比賽生涯中，這是決定成敗的關鍵時刻，是將來有一天我們會坐在搖椅上跟孫兒們訴說的往事，或是值得寫進一本書的故事（嘿嘿）。記得當時想到這一點時，我還自個兒偷樂了一下。某種程度上，我們都想利用這次令人哭笑不得的瘋狂招數創造歷史；最後不是變成越野賽的傳奇英雄，就是變成悲劇人物。

我承認，剛跳入激流時，感覺就像是墜落地獄般可怕。我們沒穿救生衣，也沒有讓賽會人員事先檢查河流是否有暗礁、瀑布、湍流或漩渦—所有可能在一瞬間要了我們的命的東西—這裡是渺無人跡的婆羅洲雨林，一小時前剛下過暴雨，造成這座峽谷內的河流水位暴漲，變幻莫測的環境氣候隨時會有狀況發生。

「初次降落」（晦暗不明的）激流中的前 30 分鐘，我的眼前只有一片漆黑，唯一可以看到的是，游在我前方的隊友們頭上的照明燈，正隨著他們在湍流中上下晃動。這一生，我從沒這麼害怕和感到孤獨：夥伴們無法幫我，我也沒辦法幫他們。驚恐的兩小時過去了，我們在黑夜中連續游過二級和三級程度的湍流，永遠不知道下一秒鐘會發生什麼事。當我們聽到前方傳來轟隆巨響的湍流聲時，

就立刻盡量靠攏，或是躲在大石頭後面，待湍流過後便各自散開，繼續投入那虛無渾沌的深淵激流。沒有隊友的庇護，我只能自求多福。一個接著一個，游在我前方的隊友們頭上的照明燈，在轉彎處飛快地消失不見，接下來就輪到我了。此刻我腦海中只想著，如果老爸知道我死了，一定會殺了我！

每一次要放開保護我的岩石、重新鑽回急流時，我的心跳就會加速，害怕到噁心想吐。雖然身體本能地告訴我不要回到水裡，但我別無選擇，隊友們已迅速跳回水中，一下子就不見人影；若我現在脫隊，他們可能永遠再也找不到我。就像之前參加的每一場越野賽，我再次陷入不得不勇於面對的處境。嘿，不管那是真的天生勇敢，還是別無選擇地鼓起勇氣面對，結果都是一樣。我祈禱我的團隊能平安通過這驚險的一關，希望這條洪流別把我們吞沒。經過這段看似永無止境的歷程，我的祈禱有回應了。下一處村莊的燈火越來越明顯，我們一個個使勁地游往最靠近我們的渦流，藉著渦流的力量，把我們推向泥濘的河岸。這時的我們，就像一群筋疲力竭的美國海軍海豹部隊。

當我們出現在大會人員面前時，他們的表情真是非常有趣。他們原本以為，還要再等幾小時，才會有團隊抵達轉換區；而且他們估計，我們應該會從河岸另一邊的山路過來。尤其是，他們沒想到是我們這組團隊先到，而且我們個個看起來都像落湯雞。消息像野火般迅速傳遍整個轉換區，其他大會主辦人員和媒體立刻聚集過來，興奮地詢問我們事情的經過。他們不敢相信，我們也是。我們從原本暫居第四竄升到領先位置，而且沒有其他團隊緊追在後。

這段行山賽程，我們比大會主辦方預估的最快時間提早兩小時完成，遙遙領先其他隊伍，連我們自己都非常驚訝。是的，那種方法是很冒險。是的，那不是我們做過最聰明的事。是的，最後可能不會有好結果。但我的隊友們都堅信，只要可能有助於贏得比賽，就要盡力去做，而不是只抱著不要輸的心態，世界冠軍隊伍和其他隊伍的差別就在於此。只會待在安逸穩定的環境中打安全牌的團隊，毫無疑問可安穩地抵達終點，也可以成就長期穩定、非常成功的職業生涯。但是，冠軍寶座往往是留給有膽識的團隊，不論這膽識是否與生俱來。

我可以舉個最有說服力的實例來解說這個概念，就是救火工作。那是 1949 年在曼峽谷（Mann Gulch）發生的一場火災，一名勇敢的消防員，因為驚人的英勇行為與必勝的意志力，不但救了自己的性命，也改變了我們以往撲滅山林野火的方式，而新的滅火方法也一直沿用到今天。

當時是 1949 年 8 月某一天炎熱的午後，美國蒙大拿州米蘇拉（Missoula）一處消防站接獲一起火災報案，起火地點是在海倫納國家森林公園（Helena National Forest）裡。16 名空降消防員—受過特別訓練的消防員，可用降落傘空降到森林火災區—被派往火場支援。這群空降消防員大多是第二次世界大戰的退役軍人，年齡介於 17 歲至 33 歲之間，隊長名叫道奇（Wagner "Wag" Dodge）。當時從高空看火災現場，火勢看起來不難控制，但是當消防員降落到地面時，風速瞬間轉強，火勢迅速蔓延擴大到周圍山頭。由於森林裡的草木乾燥易燃，火勢更順著強風的走向，迅速往山頂擴大竄延，

朝消防員直撲而來。頃刻間，他們已被熊熊烈火包圍。

所有消防員都可以感覺到背後一片火熱，大家都拚命想往山頂的方向跑，設法逃出高達六公尺的火牆。但由於地勢陡峭，加上對地形不熟悉，而且火勢蔓延速度很快，他們根本來不及逃脫，只能退到一處火勢較小的乾草地。對消防員來說，這是最糟糕的情況了。這時，道奇突然停下，拿出火柴點火，在他腳下的草地上引燃了一個火圈，其他消防員看到全都嚇呆了。他們正在想辦法逃離火場，道奇卻拿火柴點火？簡直是瘋了！

其實，道奇想到了一個辦法。他想利用火圈燒光他們周圍的草，如此一來，周圍就沒有可燃物可繼續燃燒了，就能隔絕來勢洶洶的野火。此舉有效形成一個安全、焦黑的防火圈，火勢碰到這道防火圈後，自然會轉向，往其他草木較密集的地方延燒，讓他們得以逃生。不過，在此之前，從來沒有人看過這種自救方式。消防副隊長看到後一面大喊：「跳進去才會死！」一面轉身逃走，其他消防員也跟著逃開，只剩道奇一人留在火圈裡。道奇把自己全身灑滿水，在臉部蓋上一塊濕布，躺在他自己打造出來的防火圈中。周圍的火勢以每秒三公尺的速度蔓延擴散，其他消防員雖拚命逃跑，卻仍無濟於事。最後，只有道奇和另兩名消防員活著逃出曼峽谷，那兩名消防員是後來逃到地勢較低的山壁夾縫中才得以存活的。

面對逆境時，道奇展現無比驚人的勇氣。他打破常規，為了自救而嘗試了前所未見的方式，而其他人只是想著不要失去性命就好。坦白說，如果同樣的事發生在我身上，我不知道自己會不會往山頂逃跑，還是聽從道奇的方法。我甚至無法想像，道奇在那一瞬間決定自救或逃跑時，是什麼樣的感覺。不過，我們仍要感謝道奇，以及他當時想出的逆火法（backfire，這是後來的名稱，現在也成為撲滅森林野火的主要方法）。因為曼峽谷這場森林大火，新的消防安全規範已因應修訂，但我希望並祈禱自己永遠都不要用到。每當我被派到山林野火的第一線時，心跳就會加速，覺得自己全身都像著了火般發燙。這時，我會想到道奇那驚人的勇氣，頓時鬥志大增，同時心懷感激。

當你和你的團隊面臨挑戰時，是什麼念頭在引導你們？是必勝的希望，還是失敗的恐懼？請讓希望引導你們，因為希望能開啟所有人的心扉。必勝的希望通常是創造之母，也是贏得合約、改造企業、奪得冠軍賽、拯救生命的催化劑。失敗的恐懼能為生活帶來平安、「好處」和舒適，但是，當你離開戰場時，還會有誰記得你？

接受逆境，把握機會，學習超越

優秀的贏家不只懷抱希望，遇到挫折時，也會把它當成學習和超越他人的轉機。在與這麼多位激勵人心、也令人敬佩的隊友一起比賽後，我才對此有更深一層的認識。不過，就我個人而言，我是被迫接受這種挫折帶來的力量。那是在 2007 年，我在蘇格蘭參加世界冠軍賽時，遇到了一場重大挫折。賽程進入第五天時，我們團隊正在攀爬英國最高峰，班尼維斯山（Ben Nevis）。當時我的腿突然痛得不得了，痛得跌倒在地。隊友們幫我提著所有的裝備，把我綁在拖繩上拉著我走。在比賽最後 36 小時中，我必須用手抬起我的腿

才能前進，因為我的腿已經失去知覺了。儘管我很不情願，但是身體已經提早告訴我，我的比賽生涯要結束了。在排除萬難之下，我們發揮驚人的團隊精神抵達終點；不過，令人失望的是，我們只拿到第六名。

我在比賽最後一天拖垮了全隊，讓我感到非常自責。身體在比賽中不聽使喚，這根本不是我的作風。我內心深處知道自己不對勁了，未婚夫傑夫必須扛著我上下飛機。我終於不得不承認，這不像我之前運動生涯中遇到的挫折，也不是自己一個人就能解決的問題。回到家後幾天，我去看了外科醫生。聽完我描述的症狀後，醫生幫我照了 X 光，然後將 X 光片掛在看片箱上，向我解說病情。

「是的，我猜得沒錯，妳的兩側髖骨關節炎已經第四期了。」他直言不諱地說：「這邊的軟骨已經退化，只剩骨骼了。妳的比賽生涯結束了，永遠不能再跑步了。」

骨關節炎？我想我奶奶是得過膝關節炎，但他說的不會是我吧？這不可能發生在我身上。這應該只是個惡夢，我隨時都會醒來。我感覺自己的肚子像是被重重擊了一拳，一陣天旋地轉，噁心想吐。我只有 40 歲，身為耐力賽選手，現在仍是人生的精華期，我還沒準備好要面臨這些。跟我一起參加越野賽的朋友都叫我「打不死的蟑螂」，因為我可以忍受任何艱苦的環境：極度冰凍的冰雹天、攝氏 54 度的高溫、乾糧不夠、水不夠、好幾天不能睡覺。我的身體從來沒出過重大問題，膝蓋沒問題，不會因為受傷而停止比賽，甚至連起水泡都幾乎沒有過。比賽時，我總是不計代價地勇往直前，雖然從來不像閃電一般快速，但容我提醒你一下，我也從不停下腳步。

我就要成為極限運動界僅存的一位女性了！結果現在打敗我的，居然是骨關節炎這種東西？不可能！

我告訴醫生，他的判斷錯了，我不可能放棄跑步和比賽的；而且，只要服用一些好的消炎藥就會沒事。醫師微笑了一下，便開給我 60 顆布洛芬（ibuprofen），一種舒緩關節炎的藥丸。我一面接過處方單，一面告訴他，下次來看他至少會再等兩年以後。他則回答我：「兩週後見。」

猜猜看是誰說對了？我可以給你一個提示：不是我。我只是需要時間讓腦子冷靜下來，認清事實。我的身體曾經承受七年的專業體操訓練、三年田徑運動、六年潛水運動、六年柔道、十場鐵人三項比賽、36 場遠征式越野賽，這些都要放棄了。我這副猶如瘋狂洛威拿犬的身體，多年來也成功地和世界上一群猶如小灰狗般的耐力運動員一起參加比賽，現在卻要緊急煞車了。我這隻打不死的蟑螂，一不小心就晃進了蟑螂誘捕器。

過了幾天，我終於不再抓狂，接受了事實。40 年來，我經歷過精彩的比賽和冒險運動，可能必須改變運動項目一陣子。不過，這不是癌症，也不是宣判死刑，只是一個讓我變成「機器超人」的機會。我想，當我有心下定決心，感謝我所擁有的（而不是哀悼我所失去的），並且接受人生不如意十之八九的事實時，這就是贏家會做的事，這樣一切才能改變。天有不測風雲，人有旦夕禍福；相較於暴風雨，至少這只是個太陽雨。我決定懷抱著必勝的希望，選擇把握機會，利用人工髖關節表面重建手術的方式，重新找回人生。這道手術的名稱可能會誤導人，重建手術聽起來好像還不錯，好像

是臉部重建手術之類的。但事實上，重建手術的過程一開始，是要徹底卸下腿部（相信我，不要上網看手術影片），最後植入金屬球狀關節和人工槽臼，並且在股骨上嵌入八公分長的人工股骨柄。

手術後，我用枴杖度過了四個星期，但我慢慢能回去工作了，又能騎單車、划船，最後也能跑步了。2008 年初，我在越南和我的團隊一起參加歷時多天的超級馬拉松比賽，賽程長達 250 公里，雖然腿還是會痛，但我的人生回來了。我會沒事的（大概吧）！

接著，就在此時，如同我的外科醫生所料，又出事了。那是在 2009 年 6 月，我又在比賽途中遭到重挫；只不過，這次隊友們只要扛著我走完最後的 13 公里，就可以抵達終點。這次比預期還痛，每碰一次腿，感覺就像有人拿刀刺進我的鼠蹊部。拜託別又來了！為什麼我的問題不能像有些病一樣，只要發作一次，就可以終身免疫。我坐著輪椅，帶上我的單車和工具箱，被人推著送到機場。十天後，我再次進行重建手術。

進行人工髖關節手術這段期間，我瞭解到，可以與我的摯友一起到世上最渺無人跡、最令人嘆為觀止的地方遊玩，是多麼重要、多麼寶貴的一件事，還有我們一起建立的深厚情誼，以及大自然為心靈和精神所帶來的一切。當我的身體還很健康時，我把這些視為理所當然；此刻我終於明白，以後再也不會把這一切視為理所當然了。如果我能再次跑步、再次比賽，我會把握每一刻，時時刻刻心懷感激，不會再像過去大部分比賽時那樣，只會害怕失敗。

第一次完成髖關節重建手術後，我的腦海中已經開始計畫探險活動，並想著要與哪些人一起分享。首先想到的是兩位最好的女性朋友，梅麗莎和路易絲，她們也曾因分別罹患類風濕性關節炎和乳癌而吃盡苦頭。所以，每當我需要她們時，她們都會親自陪著我；若無法親自陪伴，精神上也都會與我同在。例如，當我必須走路代替跑步、騎單車代替走路時，或只想吃巧克力和喝紅酒時，她們都能完全瞭解我的心情，因為她們都親身經歷過。

於是我靈機一動，想到了那些曾動過手術、而且沒有冒險運動可以期待的人？如果他們沒有經過這番不可思議的心路歷程，也沒有志同道合的守護女神幫他們度過這段復元期呢？於是，我發起了非牟利機構「雅典娜計畫基金會」。我非常感謝能有幾位經歷過手術的病友，跟我一起參加冒險運動，也一起分享醫藥資訊，一起說笑，一同忍受病痛。我希望能為其他與我們有類似遭遇的女性，找回希望和振奮的感覺，幫助她們度過復元期。當她們陷入長期的失望陰霾中，總是會迷惘一切是否都能好轉，所以我要幫助她們再次看到一線曙光。我選擇用「雅典娜」為基金會命名，因為雅典娜是掌管智慧的戰神。我那幾位見識多廣的朋友已向我證明，歷經奮戰能增廣見聞。深受他們勉勵的我，也希望能和他們合作，一起勉勵他人。

雅典娜計畫的重點，並不是讓妳變成誰，而是認識原本的妳，打造出當下最美好的自己，讓妳擁有歸屬感與自信，讓妳重生的自己，和那些幫助妳找回快樂人生的守護女神們建立起關係。自 2009 年以來，我們已經提供補助給許多動過手術的重生者，並且提供裝備、機票、報名費、培訓等任何能幫助她們實現冒險夢想的資源。這些夢想包括，在中國的萬里長城上長跑、完成 5,000 公尺跑步等。

這是我一生中做過最有意義的事。我相信，梅麗莎和雅典娜計畫的「希望天使兼首席勉勵長」路易絲都會同意我的看法。

我們希望，這項計畫最後可以每年幫助數以百計的人；如此一來，我們的「守護神冒險活動籌款會」（讓一般的健康人士有機會幫助我們，替動過手術的重生病友籌款）就可以擴大規模。例如，在大峽谷舉辦遠征之旅，在佛羅里達礁島群舉辦多項運動冒險活動，以及登山運動。你們可以到我們的「雅典娜計畫」官方網站查詢相關詳情，網址是 www.projectathena.org。沒錯，我要在這裡順便廣告一下，希望你們能加入。

我想，這個故事是在告訴我們，如果這世上的一切都很順遂，人生變化和肯定生命價值這些東西就都不會存在。有時遇到的一些小挫折，是宇宙萬物正在指引我們一條突破現狀的新道路。

同樣的道理，我們都聽過一句俗語：「當上帝關門時，也會為你打開另一扇窗。」不是嗎？這個嘛，對此我是半信半疑。我寧可這麼說，當老天爺關上門，你要掙脫枷鎖，自己鑿出一扇窗。

****

進行第二次髖關節手術後，我知道在臀部兩側都裝了人工髖關節的情況下，可能再也無法參加世界級程度的越野賽了。因此我決定，不如專心想想自己「能」做什麼，而划船就是其中一項。我早就知道，越野賽中的划舟項目是讓我覺得最快樂、最能有所發揮的部分。既然如此，專心發展自己的長項應該沒錯，特別是划船不會動到人工髖關節，讓它發出鏗鏘的金屬聲。我決定嘗試一項獨木舟長途賽，這也是我第一次獨自參賽：從加拿大西部育空地區（Yukon Territory）的白馬市（Whitehorse）到道森市（Dawson City），賽程長達 740 公里，一路上渺無人煙。不，我不會一開始先嘗試一些比較容易的運動（我知道你想問），讀到這裡，你應該多少有點瞭解我了。我是不聰明，只是一個「能幹的拓荒者後代」，就像我以前的老長官消防隊長說的。我獨自一人在育空地區划了 43 小時，一路上不但飽受驚嚇、提心吊膽，還要忍受刺骨寒風和潮濕的腐臭味，身上也會有擦傷、起水泡和疹子的狀況。不過，看到浩瀚壯觀、令人迴腸盪氣的景致，伴隨著涓涓溪流、無邊天際、灑落的雨點，以及展翅高飛的老鷹，這一切都顯得格外渺小、微不足道了。當我划進道森市時，雖然筋疲力竭，心情卻是無比激動。我找到我的新歡了。我不只擅長划舟，還是個非常優秀的划舟選手。

直到參加這場划舟比賽前，我一直不知道自己在划舟這方面的潛能。以往比賽遇到划舟項目時，我總是與隊友一起划雙人獨木舟，並且將划船的功勞歸給隊友。多年來，每次划舟領先時，我都歸功於隊友出色的才能。這雖是事實，但是從這次在育空地區的划舟賽，我發現自己的功能不是只有像個紙鎮穩住船隻而已。出乎我意料，當我在凌晨一點抵達終點時，未婚夫傑夫從下水滑道跑過來告訴我，我是第三個抵達終點的選手。

哇！多酷啊？第一次獨自參加大規模比賽，就得了第三名！我問了女子組中的前兩名選手是誰。

「女子組？親愛的，妳在所有單人組中排名第三！若是包括團體

組，妳是第八名！」

我一定聽錯了，不會吧！這次比賽有 110 組選手參加，包括 30 名單人組，其中 24 組是男生。從此以後，我知道一切都會好轉，我的能力不會只到這裡。而且，有一個令人振奮的全新世界向我敞開了大門，是一個我可能從未嘗試、甚至以前都不知道有多好玩的運動。

就在 43 歲，我發現自己具備一項全新的才能，就像無意中發現自己只要揮揮手就能飛起來，但是活了半輩子卻不知道。我也知道，我有一些非常特別的守護天使會照顧我的心靈，我由衷感謝她們。我再次以運動員的身分創下人生的顛峰，多麼棒的禮物啊！一個我再也不會等閒視之的禮物。

****

我想，當我們能善加運用守護天使賦予的工具、追求一切有價值的目標時，特別是這個目標也可以讓我們幫助或勉勵他人，就是對守護天使最大的敬意。到現在為止，我還是不知道，這項新才能是我無意中發現的，還是冥冥中自有一股獨特的力量引導我去發現它。冒著這本書被圖書館歸類為神祕主義的風險，我還是敢說，我相信，當我們順著人生長河中最強而有力的水流方向前進時，美好的事物也會隨之而來。事實上，這時候我們通常會瞭解，自己是在做對的事，正沿著最好的道路行走。當我們順著水流向前行時，一切都會變得簡單，所有事情都能落實到位。好的工作、融洽的人際關係、幸福、安穩和愛，一切都能水到渠成。就算沒有平順的水流帶領著我們，所有的努力也都是一種成就。漂流時難免會遇到漩渦、浪潮和危險的礁石，我們不一定都能到達想去的地方，或是得到我們所需的東西。

如果你覺得，你的人生就像是不斷地在對抗激流、不斷地在逆流而上，那就在周圍四處找找看，有沒有屬於你的水流。與其花時間補救你的缺點，不如發揮你的優點。出去接觸朋友，建立人際關係。主動幫助別人，主動去愛人，不要等著別人來愛你。活得健康，走出戶外，參加活動，這樣才能找到屬於你的人生順流。

四年來，我一直想弄明白，自己能不能再度回到運動員的身分，最後終於在育空地區的划舟比賽中找到了自己的順流。當時比賽途中，還遇到了狂風暴雨。就在波濤洶湧的浪潮幾乎打翻我的船時，我開始祈禱，希望能度過這次難關。然後，一道彩虹出現在天邊，像是在證明我的人生也雨過天晴了。

人生不該只是等待暴風雨過境，
而是要學習如何在雨中跳舞。

****

現在回到逆境管理的正題吧！圓滿的結局不是這麼容易得來的，不是嗎？在育空地區這場比賽開始前幾個月，剛動過手術的臂部又開始疼了。我到紐約讓替我動手術的專科醫師看看，得到的答案不太妙。我的股骨頸出現壓力性骨折。到現在還不知道原因，也

許骨折早先就存在，只是手術前的

X 光照沒看出來。我一直拚命想辦法治療臀部，盡可能避免在幾年內又要動第三次重大臀部手術，但是一切似乎徒勞無功。這七個月下來，除了練習划舟，我已盡量不做負重運動了（嗯，除了做消防工作的時候）。醫生跟我討論後的結果是，我應該要動第三次臀部手術，這次要換掉整個髖部。手術時間排在 2010 年 11 月 22 日，於是我想，動刀前（或者應該說是鋸掉骨頭之前），一定要再做一件特別的事，就讓我再次順著人生中的水流走一回吧！

我想要追隨隊友卡特．強森（Carter Johnson）的腳步，嘗試創下金氏世界紀錄，成為第一名 24 小時內在淡水中連續划船最長距離的女性。大膽做夢又何妨？於是，2010 年 10 月 28 日，卡特與我一同出發，前往南加州的納西緬托湖（Lake Nacimiento），同時進行五公里長直線航線划船測量紀錄，希望我們各自都能創下男子和女子世界紀錄。

由於暴風雨即將在傍晚來襲，我們抵達後，立刻匆忙集合，比原定計畫提早 12 小時摸黑出發。在自己和裝備都尚未完全準備好的情況下，我划向起點。我承認這一點也不妥，但我們不想為了追求完美而阻礙了進度。傑夫和我們的好朋友艾迪．古維斯（Addie Goodvibes）除了擔任我們的賽程監控員、攝影師、廚師、啦啦隊，還要幫我們扛水，也是我們的動力來源。就在晚上七點半整，他們在岸上吹響汽笛，通知我們 24 小時的划船測量紀錄正式開始，於是我們朝著那永無止盡的深淵划去。

慢慢地，卡特距離我越來越遠，只剩我獨自一人在平靜光滑的湖面上划著船，在這五公里長的航線上來來回回地划著，划過來又划過去。我任由思緒天馬行空了一會兒，但最後實在是不知道有什麼可想的，我的小腦袋瓜就只有那麼一點東西。精神上，我需要有個寄託，好讓我保持清醒，於是我開始背誦一些脫口秀諧星固定的節目名稱，例如丹·庫克（Dane Cook）、艾迪·墨菲（Eddie Murphy）、布萊恩·里根（Brian Regan）、傑瑞·宋飛（Jerry Seinfeld）、吉姆·加菲根（Jim Gaffigan）。之所以記得每一個節目名稱，是因為我在六月參加 885 公里單車賽、七月參加育空河探險賽、八月在密蘇里河參加 550 公里划舟賽時，路上一直聽著相同的節目時間表。不過，如果我也能把每一句台詞都背出來，那應該會更好玩。

黎明已劃破天空，湖上相當清冷，冰冷刺骨的寒風把我緊握划槳的手指都凍僵了。我已經發抖了好幾個小時，但是沒有停下；反正停下也沒什麼好處，還是一樣會冷，也不能破紀錄。到了下午約兩點時，天空開始烏雲密布，不到一個小時後，一場壯觀猛烈的暴風雨就要來了。由於逆風風浪太強，卡特和我只好減速，從平均八、九公里的時速，減到三公里。這是一場意志力的搏鬥，我不斷用盡全力去划，但是船一直在後退，就算是順風時也好不到哪去。一陣陣浪花朝我們直撲而來，隨時都有可能把我們的船給掀了，而我們的船在狂風席捲下簡直毫無招架之力。到了下午四點，卡特知道他沒辦法破自己的紀錄了，於是決定放棄，聰明地選擇省下精力，應付接下來這個週末的比賽。我繼續划下去，因為我知道我可以打破女子組的紀錄。我就快要做到了，只要繼續堅持划下去就好。

到了傍晚六點，我的手臂幾乎划不動了，拚命想保持清醒。於

是，艾迪坐上一艘獨木舟向我划來，同時用攝影機幫我紀錄最後一小時的賽程。艾迪來自澳洲，也是怪人一個。為了讓我保持清醒，他一面錄影，一面問我一堆怪問題，就這樣一直持續到晚上七點半整，傑夫在岸上吹響汽笛，宣告我們的划船測錄時間正式結束。我把划槳放在膝上，垂下我的頭，停在湖中央。就在寧靜的黑夜中，我內心百感交集，感激、開心、興奮，精神奕奕卻又筋疲力盡。不管怎麼說，我已經划完了。艾迪用拖繩扣住我的船頭，把我連人帶船拖回岸上。根據全球定位系統和傑夫的紀錄表顯示，我一共划了整整 195.33 公里，創下女子組的世界紀錄。

那天晚上結束後，我就躺在地上，天空還下著雨，身上的裝備還沒卸下，就這樣任雨水打在自己身上，沉浸在自己的夢中，良久良久。之後，我的手臂因為太瘦抬不起來，頭也無法彎得太低，所以無法替自己洗頭，但我不在乎了。

三個星期後，我進行了第三次手術，換上全新的人工髖關節。雖然失去了髖關節，但我也很高興因此發現了一項全新的運動。人生還是美好的！

永遠不要為了追求完美而影響進度

隨著本書來到這一章，到目前為止，我們看到了應付逆境最有效的方法是，擺脫思想的窠臼，鼓起勇氣，成為富有遠見卓識的領導者，或打破常規。不過，有時候麻煩就是會自己找上門，而且防不勝防；而你能做的，就是竭盡所能，化腐朽為神奇。度過逆境最好的辦法，通常是以歡笑自嘲的心態看待整件事，直到抵達終點為止。在婆羅洲大自然挑戰賽中，就有兩組隊伍用這樣的心態一路走到終點。

這兩支隊伍中，一支來自美國，另一支來自英國。兩支隊伍一開始都各自有四名隊員，但是比賽途中也各自有兩人退出。剩下的四名選手都不願放棄，尤其是賽前已付出許多精力鍛鍊，也投入了這麼多金錢，千里迢迢來到婆羅洲。於是，他們詢問大會主辦人員伯內特（Mark Burnett），他們四人能不能組成一支臨時隊伍，繼續參加比賽。伯內特被這四個人的想法逗樂了，特別允許他們組成一支新隊伍，還祝福他們一路順風，於是新誕生的隊伍就這樣上路了。

這支新隊伍一起完成一段數小時的長途划舟後，接受了媒體訪問。新隊長表示：「我們現在是一半美國人和一半英國人組成的新隊伍，也是唯一由不同國籍選手組成的隊伍。所以，美國（US）和英國（UK）加起來就是 U-SUK（你爛透了）！我們就是爛透了！」

於是，在接下來四天的賽程中，他們用歡笑、團結、自嘲的態度面對逆境。

「這次賽程長達 510 公里，你沒辦法改變這件事。」這支新隊伍抵達終點時，一名美國隊員表示：「但是，身邊有一群好人陪著你一起開心地玩……這才是比賽的重點。要度過難關，做就對了，笑就對了。」

另一個隊友發表了一段他自己的見解：「痛苦是無可避免的。但是，要不要忍受痛苦，則是你的選擇。」當許多其他隊伍半途而廢時，「U-SUK 隊」決定擺脫痛苦，選擇一路笑到終點。這再次證

明，歷盡千辛萬苦抵達終點的重點，不只在於你懂什麼，更在於你扮演的角色。

是的，有時候，一天、一週、一年下來的計畫，到頭來難免比預期中的結果大不相同，但你會讓這種情況阻礙你繼續下去嗎？你的目標可能會因情況失控而無法達成，但這不代表終點線已經不在那裡了；變更過的目標，最後通常與原先設想的一樣有意義。不會為了追求完美而影響進度的領導者，會重新尋找新的目標、新的挑戰，讓團隊繼續努力，並且幫助團隊看到希望之光，摘下他們心目中的星星，這才是領導的藝術。世界一流的逆境管理者，知道如何從先前的失敗中崛起，打造新的勝利。他們會重新改寫成功的定義與規則，動員整個團隊，邁向新的願景。

說到帶領大家度過逆境，我在 2000 年參加的尼泊爾高盧越野賽就是一個例子，沒有其他團隊比我的隊友更有創意、令人振奮、鼓舞人心和富有遠見了。這場連續多天不眠不休的賽程，是在西藏的喜馬拉雅山頂以及尼泊爾的高地荒野舉行；一路上，法國隊一直與我們不相上下。當比賽來到第六天，我們完成了行山階段、要進入轉換區準備進行下一階段的越野單車時，法國隊還落後我們兩小時賽程。接下來，我們要騎單車穿越尼泊爾，結束這段長達 110 公里的賽程就抵達終點，我們就能奪下高盧越野賽的冠軍。這不但是全世界最知名的越野賽，而且我們還有可能連續第二年蟬聯冠軍。連續兩天的徒步行山結束後，我們在即將到達轉換區時都非常興奮，因為當時心想贏定了，幻想著準備接受工作人員的歡呼、溫暖擁抱，享用美味的食物，然後整理好裝備準備踏上勝利之路。不料，當我們抵達轉換區時，發現工作人員不在那裡，也沒看到他們應該為我們準備好的單車，原本興奮的心情頓然消失，只看到法國主辦方和法國隊的工作人員。我們嚇呆了，完全不敢相信，以前從未遇到過這種情況。

我們查看了轉換區的每一個角落，希望工作人員只是窩在哪一處帳棚睡覺而已。最後我們必須承認，最糟糕的惡夢確實降臨到我們身上了：沒有工作人員，沒有單車。這六天來，我們用鮮血、淚水和每一分心力換來的冠軍希望全落空了。法國主辦方這時前來關心，不過……也沒什麼用，而且他們都知道，法國隊正落後我們約三小時，此刻暫居第二。只要你稍微瞭解法國人，就會知道他們是把這場比賽當成國家的榮譽之戰。

「我們的工作人員在哪裡？發生什麼事了？」我們問。

「這不是我們的問題，而是你們的問題。」主辦方回答：

「他們可能還在很遠的地方，有問題的只有你們這一隊。所以，我不知道，也許你們可以坐下來等一等。」

於是我們坐下來等了十分鐘，在這十分鐘，我們瞪大著眼睛安靜地坐著，感嘆著我們的命運，同時還要讓昏昏欲睡的腦袋保持清醒。這六天來，我們一直滿懷希望，每一步、每一分鐘、每一小時都在努力拉開我們和其他團隊的距離。從慢慢接近領先，最後終於來到領先的位置，一切都進行得這麼完美，我們付出的毅力和團結，眼看著就要獲得回報。但是，就在一眨眼之間，一切都要前功盡棄了。我們從英勇的運動戰士，變成一個只希望不要輸就好的團隊，還要擔心工作人員的安危；更何況，其中一位工作人員就是我的未

婚夫傑夫。我雙手抱著頭來回踱步，嘴裡喃喃自語：「不可能會這樣，不可能會這樣。」一遍又一遍不停重複這句話。

就在我們面臨困境的時候，奇蹟出現了。偉大的消防局長布納奇尼曾說過：「改變是世界上唯一不變的事，面對影響我們成功的變故，我們應該有所回應。」在他的精神感召下，我的另外三位隊友決定，不能再浪費時間哀悼我們的失敗了。而且，只要希望還在，我們就應該繼續比賽。他們是我見過最了不起的領導者，其中一位名叫羅伯特，是哈佛大學教授；另一位是來自紐西蘭的醫生凱斯；還有一位名叫約翰，來自紐西蘭的基督城，從事洗窗工作。約翰最大的好處在於，他平常就像個遊牧人，喜歡到世界各地的荒漠野嶺流浪，穿著 1980 年代的破爛螢光短褲，還不願意穿襪子。為了滿足你的想像，我可以告訴你，他就住在基督城外一座小山丘上的一輛校車內。是的，是真的校車，就是黃色的那種，車身上漆著「校車」兩個字。他應該有像一般房子形狀那樣的住家，不過，那棟房子只是他存放越野賽裝備的地方。我不認為他上過正規的領導培訓課程，但他是天生的領導者，也是我見過最棒的領導者。

「你們知道嗎？我們不能再呆坐在這裡等著法國隊趕上我們了。」他操著濃厚的紐西蘭口音說：「我們必須想想辦法。」

約翰開始在轉換區周圍晃來晃去，向圍觀的人群比手畫腳。這些圍觀人群是當地村民，有些還是從附近村莊趕過來看我們比賽，因為他們從沒見過外國人來這裡舉辦越野賽；對他們而言，這可能是一輩子都不會再見到的奇觀。約翰很快就想到辦法：我們可以向當地村民租單車。他開始跟圍觀群眾商量租借單車，盡可能找到五輛最好的單車。不過，這些仍是我有生以來見過最破爛的單車—像是車輪輻條跑了出來，椅子也磨損了，裡面的填充物都掉了出來，鏈條都生鏽了，把手也壞了—但至少都能騎，所以我們也不在乎外觀好不好看了。當約翰回到帳棚告訴我們，他想到一個辦法可以贏得比賽，並且問我們要不要跟他出去看看，我們像是抓住了最後一線希望，連滾帶爬地奔出帳棚，看看這場比賽的守護神為我們帶來了什麼。這些單車雖然不太好，但我們別無選擇，至少可以繼續比賽。我們不想看到法國隊進入轉換區後，看到我們還在這裡哭喪著臉那種幸災樂禍的模樣。我們可能會輸，但至少要輸得漂亮。

不過，主辦方不會讓我們這麼輕易就過關。他們告訴我們，這些單車不符合大會指定的規格，例如沒有前避震器和車燈。如果要用這些單車，就會被處以罰時，而且是一輛單車處以多達三小時的罰時！我們聽了真是啞口無言。他們竟然沒有被我們「永不言棄」的精神折服，顯然就是不想讓我們贏。而且，更糟糕的是，他們甚至變本加厲，要利用這可笑的罰時方式，防止我們贏得比賽。

這時，羅伯特做了一件挺勇敢的事。就在周圍有電視媒體拍攝的情況下，就在大會總監向他說明，若是要用這套這麼有創意的計畫，會被處以 15 小時的罰時之後，羅伯特開始歇斯底里地咯咯大笑，甚至笑倒在地，四腳朝天。他就是要用這種方式，告訴大會總監和在場媒體，主辦方的計謀被我們識破了。這是他在專業生涯中聽過最荒謬、最可笑的事，而現在他沒必要浪費時間理會這腐敗的大會，我們要用自己的方式邁向終點。

經過一番努力，卻讓這場比賽演變成一場大災難，羅伯特對大

會已不以為然了。他筋疲力竭地回到我們的帳棚，小心翼翼地看著我們的新單車，內心仍不想放棄希望。他告訴我們剛剛發生了什麼事，並說明大會根本不想讓我們贏，不管我們做了多了不起的事情。然後，就在我們再度墜落絕望的無底深淵時，羅伯特說了一句我永遠不會忘記的話。他告訴我們：「夥伴們，我們是世界冠軍。這已跟比賽無關了，我們要向體育界和這個世界證明，我們是什麼樣的團隊。」於是，他一面迅速整理好裝備，一面轉向攝影鏡頭。他的雙眼閃爍著新使命的光輝，說出口的每個字都擲地有聲：「沒有什麼能阻擋我們。」

這時，我們都感染了一股新的企圖心，這份心思不是大會和大會總監所能理解的，而且他們已經連續第二年試圖阻擾我們贏得比賽了。現在是我們向全世界證明、真正的冠軍隊是如何因應逆境的時候了。就是這股意念，讓我們凝聚共識、團結一心，重新回到戰場。

> 你的自尊心告訴你：「這是不可能的。」經驗會說：「這太冒險了。」理智也會告訴你：「沒用的。」但是，你的內心會在耳邊悄悄地說：「去試試吧！」

於是，我們穿戴好身邊僅有的裝備，包括泛舟漂流用的安全頭盔和登山鞋，騎上那些破爛的單車，抬頭挺胸地離開轉換區。雖然外表不是很好看，但我們重新回到了戰場，感覺很棒。我相信，絕望和消沉通常是缺乏行動力或優柔寡斷的病症；一旦下定決心擔起使命、重返戰場，就能燃起鬥志。

我很希望我可以告訴你們，這段穿越尼泊爾的 110 公里路程相當地順利，但其實不然。這一路山路崎嶇、飛沙走礫。在我們離開轉換區、騎了 25 公里後，單車就差不多要瓦解了，必須設法推著它們前進。我們開始考慮，是要繼續推著這些單車走完剩下的 80 多公里，還是把單車收起來直接用走的。突然間，就在此時，彷彿是在沙漠中看到一片綠洲，我們看到我們的工作人員開著車、載著我們心愛的越野單車朝著我們駛來。透過無線電話，我們告訴大會總監，我們的單車來了，我們要換車，工作人員會把租來的單車送回轉換區。

「噢！不行，這不可能。」大會總監說：「你們現在不是在正式轉換區。如果是在賽程中途換單車，比賽資格就會被取消。」

我們瞪著無線電話，但是，對這種回答也不意外了，因為到了這個地步，我們也都麻木了，已經沒有什麼能嚇到我們了；只不過是因為精氣神都已耗盡，表情才看起來像在瞪人。於是，我們還要再做一次艱難的決定：是要將單車推回

25 公里外的轉換區，還是繼續走完剩下的 85 公里。我們再度意志消沉了，當初想騎著租來的單車衝到終點的興致已經消失。此時，我們都只想從這個世界消失，或者從這場惡夢中搖醒自己。到底還要再被打倒幾次？還要重新振作幾次？

我最喜愛的日本格言是：「七轉八起。」意思是跌倒七次，就要爬起來八次。人生中每遇到一次挑戰，就必須自覺地選擇要爬起來或坐著不動。告訴自己這樣做太難，給自己一個理由放棄或坐著不動就很容易。但真的很難嗎？以運動生理學來說，耐力運動員都

知道，人體可以承受的力量和路程，比想像中多 20 倍，我想知道心靈和精神是否也有同樣的承受力。只有在最艱難的時候，才能發現自己真正能承受多少。如此一來，這些磨練（當然，大多是事後才認為那是磨練）就有可能成為最珍貴的人生課題和品格培養的一部分。我明白，那天在印度和尼泊爾邊界的蒼茫群山間參賽時，我和隊友彼此間有了更進一步的新認識和新領悟。

跌倒七次，要爬起來八次。所以，我們要再爬起來，而且要轉身出發，再次穿越那片荒漠，把單車推回我們幾個小時前才得意洋洋離開的轉換區。這時候，我們那位來自紐西蘭的醫生凱斯，也是運動史上得過最多冠軍的選手之一，挺身而出帶領大家。他生性安靜，但是他感覺到隊友們意志消沉，決定試著再次凝聚大家的向心力。在寂靜的荒漠中，只聽到我們沉重緩慢地踩在厚厚沙地上的腳步聲，在足以熱死人的 46 度高溫下，一個響亮的聲音傳來：「你們知道，人們不會用你的成就來評斷你的人生，而是用你的做事態度來評斷。」我現在仍然每天都想著這番話，至今仍不敢相信，在團隊遭遇最黑暗的時候，凱斯還能展現出如此深奧的體會，看得如此透澈；不過，這也是優秀領導者會做的事。

現在，為了娛樂價值，我要告訴你接下來的故事發展。我們並沒有贏得那場比賽，如果最後贏了，這個故事未免也太像童話故事的結局了，不是嗎？不過，在真正的好萊塢電影風格中，某種形式的正義最後還是會勝過一切。記得我跟你說過法國隊原本暫居第二嗎？這個嘛，當我們正推著單車走回轉換區時，看到原本落後我們幾小時的法國隊，正騎著他們的高科技越野單車，朝我們的方向急速騎來；對我們而言，這種情形無疑是雪上加霜。經過我們身旁時，他們甚至幸災樂禍地發出勝利的歡呼聲，還跟一旁的媒體和攝影師擊掌打招呼，好像這一幕是要拍下來留給後代看，這段不得了的影片肯定要成為法國新聞的頭條了。就在我們流下功虧一簣的淚水時，法國隊又要再度趁機邁向他們的冠軍之路了！接下來，神奇的事情發生了，應該可以說是報應吧！

就在法國隊經過我們並往前騎了大約八公里之後，他們被尼泊爾警察拘捕了。我發誓，我沒有亂編故事！到今天為止，我們仍然不知道真正原因。難道是因為在公共場所穿緊身運動衣？其實，比較有可能的原因，是和毛派恐怖份子有關，當時只要是任何行為可疑的人都會被拘捕—好傢伙，我們越野賽選手的行為竟然會讓人覺得可疑。不用說，這場比賽到最後已經亂成一團了。結果，在上一個轉換區落後我們六小時的芬蘭隊，因此坐收漁翁之利，獲得了第一名。

對我們團隊來說，這次比賽唯一可以彌補我們的遺憾在於：在頒獎典禮上，大會宣布我們排名第四時，我們獲得全場觀眾起立熱烈鼓掌，而冠軍只獲得禮貌性的零星掌聲。凱斯說得沒錯，最重要的是，人們真的會根據你的態度做出評斷。雖然這不會讓所有情況好轉，但不論是誰第一個抵達終點，只要我們的隊友知道自己承受了什麼，而且大家認為我們才是冠軍，對我才是真正的安慰。此外，這次經驗也讓我們在面臨下次的婆羅洲大自然挑戰賽時，更加鬥志昂揚。就像羅伯特所宣稱的：「沒有什麼能阻擋我們。」

逆境管理
企業個案研究

1980 年代，美國有七人服用摻有氰化物的泰諾綜合感冒藥（Tylenol）後死亡，生產泰諾感冒藥的嬌生集團（Johnson & Johnson）因此面臨重大危機。最後雖然查出藥品是在出廠上架後才遭人下毒，但嬌生集團仍願意負起全責，全面回收藥品，並且因此損失高達一億美元。嬌生集團沒有為了保護自己的名聲而掩蓋問題，他們全力配合司法當局和聯邦食品藥物管理局調查此案，與媒體和醫藥界密切合作，主動告知消費者最新消息，並且為此擬定新的防護措施，此舉讓泰諾感冒藥—以及競爭對手的產品—更加安全可靠。雖然泰諾感冒藥的銷售量一開始大幅下滑，但是沒多久再度成為全美最暢銷的止痛藥。

面對泰諾綜合感冒藥的危機時，嬌生集團果決、坦誠、對消費者負責的處理方式，數十年來一直被視為企業如何因應危機的學習範本。下次你的團隊若是陷入困境，請記得嬌生集團的因應之道。

同心協力入門練習：逆境管理

■ 面臨艱難時勢和富有挑戰的問題時，要如何激勵團隊合作（甚至獲得更好的結果）呢：

將位階或職務屬性相似的員工集合起來（這可經由檔案分享系統或公司內部網絡做到），組成一個團隊，並取名為「腦力激盪小組會議」。在一張紙的上方，每一位成員寫下他們曾經遇到的一項「挑戰」內容，或是在工作上遇到過最困難的問題。寫完後，將紙張傳給右手邊的成員，讓所有成員花幾分鐘閱讀拿到的問題，然後寫下自己對這些問題的看法和解決方法。由局外人替自己想辦法，通常會得到出乎意料的答案。而且，這也是一個打破藩籬的好方法，可以讓大家瞭解到，這世上並不是只有自己會遇到困難和挫敗。

■ 提醒你的團隊，他們過去也曾解決並克服過逆境，讓他們相信自己這次也能再度戰勝挑戰：

讓每一位成員寫下自己每年的「時間表」，以井字符號標出發生重大改變或遇到逆境的時間點（如此就不必透露自己的隱私，或不需與其他成員分享的細節。例如：我們團隊沒拿到合約，發現自己得了某種病，或是跟誰併購）。然後，在時間表下方寫下自己處理變故的方式，從中學到什麼，如何讓自己因此變得更堅強（或不堅

強），以及最後的結果是什麼（希望是正面的）。之後，詢問是否有人願意分享他們克服困境的故事，或是分成兩人一組互相訪談，將對方的故事重點整理後向大家報告（如此一來，就不會因為在大庭廣眾下說自己的英勇事蹟而感到害羞）。

這種方式可以提醒大家，每個人在克服困境時，有多麼堅忍不拔、足智多謀；而且，有時還會因禍得福。會議結束後，大家多少會對未來更有信心，相信自己更有能力克服一切困難，獲得成功。

■ 幫助你的團隊，將重點放在要怎麼做才能「贏」，而不是只有「不要輸」：

要求團隊中每一個人寫下，他們認為能讓公司在短期內成功的兩個要素（例如「成功發表新產品」，或是「在第四季來臨前讓市佔率增加 5%」）。然後，透過投票讓大家產生共識，表決出大家心目中的三大成功要素。在會議掛板的每一頁紙上方，寫下一個成功要素，並且在下面畫兩欄表格，一欄寫著「成功」，另一欄寫著「不要輸」，問大家「不要輸」或持平的情形看起來是什麼樣子。然後大家集思廣益，想想要怎麼做才能真正成功。討論過程要擺脫約束，思考要跳脫框架，也不需辯論這些方法的可行性。最後，對於腦力激盪的結果和想法，讓每個人表決出前三名。達成共識後，研究執行計畫的可能性，下次開會時再來討論如何實現吧！

4
相互尊重

忠誠不表示你說的我全都同意，或者我相信你永遠都是對的。忠誠是指，我和你的想法一樣，雖然有些微不同，但我們會肩並肩一起努力，並且對彼此的誠意、信任、堅持和意向有信心。

—精神醫學家曼寧格（Karl Menninger）

我喜愛曼寧格的格言，因為它讓我想起生命中一些非常重要的事。我們都會談論關於忠誠與信任的話題，對一個優秀的團隊來說，這至關重要。但我們卻經常忘記，不論從任何面向來看，忠誠與信任這兩件事，就跟經營一段長久關係一樣，必須要建立、更新、照顧和維繫。忠誠與信任是建立所有關係的基礎平台，而且要透過日復一日的行動來建立，不只是依靠感覺。少了這個基礎平台，你的團隊只會變質，變成一群個體組成的團體，每個人只是往同一個目標的方向前進，除此之外別無其他。優秀的團隊打造者會時刻注意，「相互尊重」這座天秤的兩端能否保持平衡；也就是說，他們會不斷地藉由行動來證明他們支持你，而且永遠相信你也同樣支持他們（除非結果證明並非如此）。最棒的團隊會盡一切力量，保護高績效團隊所擁有的最珍貴、最有價值的東西：團隊成員之間百分之百信任、忠誠與尊重的基石。我們平時要怎麼做，才能激發出相互尊重的關係呢？

記住「鋁罐理論」

鳳凰城消防局長布納奇尼，曾經在一篇文章中寫過一段話，深深吸引了我：「當你在尋找機會打擊某人、準備殺他個片甲不留時，你在激烈爭執中說出口的每一句話，就像一個個鋁罐……會永遠留在地球上，不會消失。」說得真對！大家一定都記得，某人和我們起爭執或衝突時說出的話，對我們造成了永遠無法磨滅的傷害。這些傷人的字眼，就像太空船的殘骸漂浮在宇宙中，永遠無法收回，一直存在。你的信任基石有時被敲掉的是一小塊碎片，有時是一大塊；但總而言之，你的忠誠度和信任度已逐漸被破壞殆盡。

為什麼要讓這些鋁罐脫口而出呢？為了贏，為了我們的自尊；為了挫挫對方的銳氣，好贏得一場爭執而產生的一時快感。這樣才贏得漂亮，是嗎？不，從來都不是。對方對你的感覺，已經回不到當初的狀態了；你說著那些話的聲音，將永遠在對方心中重複播放。我們都會發脾氣，生氣時也都會想要吶喊或勒死某人；但是，做為優秀的團隊打造者，永遠都不會讓這些鋁罐脫口而出，永遠都不值得這麼做。做一個更大器的人，做一個更懂得感恩的人，周遭的人才會更尊敬你。

現在，反過來看，也是有正面的鋁罐存在，而我們正應該讓這些正面的鋁罐時時刻刻脫口而出。但奇怪的是，已經是成年人的我們還是不好意思去做。為什麼呢？為什麼不誇獎一下同事有多厲害，或是他做得有多棒，或是你真的欽佩她哪些地方？我們可以對自己的孩子說這些話，而且可以做得很好。但，嘿，我們也是大孩

子，只是身形比小孩高大，多了些人生經驗。我們也都愛聽別人說我們哪裡特別，或是其他人認為我們哪裡做得好，或我們如何改變了誰的人生；然而，我們卻極少聽到這些。

身為團隊打造者，你要為自己立定一項任務，每天至少拋出一個正面的鋁罐給你的隊友。如此，你就能看到自己的忠誠和信任的基石更加根深柢固。拋個鋁罐給你的妻子或丈夫、孩子、同事、教練、朋友—隨時隨地。如果你能成為別人的光明燈，成為讓他們感覺舒服自在的避風港，就會驚訝地發現，原來自己有能力建立一座又一座長久穩固的關係橋樑。

無私的指點

與隊友建立起信任與忠誠關係的另一種方法，就是保護他們，以過來人的經驗指點或輔導他們怎麼做更好。不過，在職場上，這種方式通常會受到薪資結構的阻礙。在業績酬勞制度中，從事相同職務的每一名員工會互相競爭排名；或是為了保有權力，不願與其他人分享訣竅。

那麼，讓我們來看看這兩者。儘管員工會互相較量、競爭排名，但表面上也要讓他們以團隊的形式執行任務，或是讓他們彼此分享最佳實務經驗。這是我過去在一家大規模製藥公司當業務員時常見的事，很明顯不符合邏輯，是嗎？可以說是，也可以說不是。我會鼓勵那些向我諮詢的企業領導者，擬定獎賞制度來配合員工被交付的任務，或至少將它列入酬勞的一部分。例如，假使你希望員工組成團隊來執行任務，那麼，至少要在大家合力達成目標這個部分，制訂一項分紅計畫，或是把獎勵做為酬勞的一部分。這應該能鼓勵員工發揮更大的團隊力量。

即使員工之間會競爭排名，但是在輔導和指點方面，以及如何讓輔導工作成為團隊資產，我也有不同的看法。我是從史蒂夫身上學到這個至理的，他是我在製藥公司當業務員時的同事。在每年的業務員排行榜中，史蒂夫都排名第一。之所以讓我感到驚訝，是因為每週結束時，他都會主動告訴公司其他兩百多名業務員，他的一些最新狀況。他會告訴我們，這一週下來，他有哪些事情進行得很順利，如何克服了哪些障礙；或是跟我們報告最近一項研究的最新內幕消息，進一步證實我們的產品為何比其他公司更具優勢。就這樣，我擷取了史蒂夫的一些想法，然後繼續我的人生。當時我心想：哇，每週能夠聽到一些經驗分享，我心懷感激；但如果史蒂夫一直分享所有的訣竅，他又如何繼續保持銷售冠軍的位置呢？

對此，我感到非常好奇，於是準備在公司下一次舉行全國聚會時找出答案。那天聚會的晚餐時間，我看到史蒂夫，鼓起勇氣走到他身旁，進行了幾分鐘「在關鍵時刻前與對方建立好關係」的標準步驟之後，我開始深入這個謎團，挖掘謎底。

「嘿，你每個星期都會與我們分享你的訣竅和妙招。可是，為什麼每年的業績還是遠遠超過我們？」

「這個嘛，我是真的喜歡幫助別人。」他回答：「而且事實上，這麼做也幫助到我自己的業績。」

我聽得一頭霧水，發出了「叔比狗」（Scooby-Doo，譯注：美

國知名卡通狗）的聲音：「呃？」

史蒂夫笑著說：「我每週寄出那些分享訣竅的電郵後，妳知道發生了什麼事嗎？我收到十幾封來自全國各地其他業務員的回覆，他們也跟我分享他們的祕訣，然後我也在銷售時運用了一些他們的方法。我們就這樣互相交換心得，二、三十人互相交換資訊的力量，加起來就可以讓業績一起往上衝。你有沒有注意到，排行榜前二、三十人都是固定那一批人？就是他們。」

我的頭開始隱隱作痛，內心那個小小的競爭之魂也是。這些人因為交流分享、互相指點而讓業績變得更好？反觀我自己，這一生所做的事，就像學生在考試時生怕被別人偷看一樣，一直用手臂擋住自己的答案（有時甚至用整個身體擋住），就怕別人知道我的訣竅。這簡直是瘋了！不過，久而久之，這種作法其實更有道理。同業之間無私地互相指點，彼此建立起兄弟姊妹般的情誼，不但能讓自己有所長進，也有助於自己的業績遙遙領先其他競爭對手。史蒂夫跟大家一起分享成功的秘訣，顯示他對大家的尊重；而大家收到他的禮物之後，也毫不保留地湧泉以報。

這就是所謂的「一人發跡，百人得福」。

團隊角色比個人感受更重要

好吧，讓我們來坦言相告吧！團隊打造這玩意兒簡直棒極了，而且這是個崇高的目標。只要能夠洞悉內心深處的自己，大徹大悟，自然就能打造出優秀的團隊；不過，有時候在走廊上相遇時，我們其實只想絆倒對方。別擔心！會這樣想完全正常。不正常的想法是，以為每次聚在一起時，都是充滿窩心的感覺和溫馨的畫面。

最優秀的團隊打造者都瞭解，不論當下的感覺是如何，扮演好心中嚮往成為的隊友或領導者的角色，比什麼事都重要。我每天都會問自己好幾次：如果換成是藍斯·阿姆斯壯（Lance Armstrong），他會如何領導他的車隊度過這次難關？若換成是我爸爸（他是全世界最聰明的人，我是說真的），他會怎麼處理？然後照著做。若是能長期扮演優秀的隊友或領導者—換句話說，假裝自己就是，直到你真的成為優秀的隊友或領導者—就能找回你和隊友之間融洽的感覺。相信我，這種方法屢試不爽。

開始參加 1998 年厄瓜多高盧越野賽之前，我和隊友們達成了一個共識：比賽途中，我們之間若是發生任何衝突或問題，永遠都不會讓團隊以外的人知道。不論發生什麼事，也只有團隊自己知道。幸好在出發前立下了這個約定，因為在比賽途中，我們一度把情況搞得很難看。

伊恩和約翰兩人都是我們隊上的領航員，途中為了要往哪個方向繞過某一座山起了爭執。兩人一直爭論不休，最後陷入了僵局，雖然兩人還是保持著絕佳風度。較為固執的約翰於是說：「好吧，沒關係，我就是要往這兒走。」然後就朝著他說的方向離開了。

然後伊恩說：「好啊，沒關係，我就是要往那兒走。」於是他朝著另一個方向走掉了。我和其他隊友一下子跟著伊恩，一下子又跑回去找約翰，不知道要跟約翰還是伊恩走。最後我們分成了兩隊，這在越野賽中實在不是明智之舉，因為你不知道最後會變成什麼情

況。有趣的是，兩方人馬雖然選擇不同的路線繞過這座山，而且都堅持自己的路線才是正確的，結果最後在山的另一頭相遇了！

不過，我們都互相嗤之以鼻，但因為已經約定好永遠不要讓外人知道彼此起過衝突，於是當我們抵達下一個轉換區時，羅伯特說：「記住，我們是世界冠軍，要有世界冠軍的樣子。」於是，我們全部立刻轉換成「我愛你們，你們是我最棒的隊友」的模式：

「嘿，我可以幫你嗎？夥伴！」

「噢，好的！謝謝你了！」

「來吧，讓我幫你把鞋子穿上。」

「要我幫你拿點吃的嗎？夥伴！」

「剛剛那段賽程，你好強喔！」

「你看起來真棒！」

「你真有男子氣概！」

「不，你才是真正的男子漢！」

我們假裝大家都是最好的朋友，正在一起參加有生以來最棒的比賽，假裝沒有什麼事能難倒我們。於是接下來，神奇的事情發生了。就在我們再次把對方當夥伴看待時，確實也開始再次覺得大家都是夥伴了。然後，我們就恢復了以往的樣子了。離開轉換區時，其他團隊的地勤人員都相信，我們真的勢不可擋，是一支團結一致、快樂和諧、使命必達的團隊。這正是我們想要的結果，我們希望其他團隊進入轉換區時，地勤人員會把他們看到的情形告訴他們的隊伍。接下來的賽程中，我們又恢復正常情況，而且還贏得了比賽。在某種程度上，我們知道，就算當下沒有那種感覺，扮演好優秀隊員的角色仍然至關重要。

我一直寧願相信每個人最好的一面，這樣可以省下不少麻煩。

—英國詩人吉卜齡

無條件相信

在「相互尊重」這種藝術中，有一部分是我們無條件相信隊友時、賦予他們的力量。當我們相信對方時，對方會發生什麼事呢？他們通常會勇於面對突發狀況，證明我們是對的。反之亦然。就算對方不值得我們尊重，我們仍要待之以禮，而他們通常也會從某方面證明我們是對的。

我和隊友在厄瓜多參加越野賽時，必須攀登一座冰雪覆蓋、海拔 6,000 公尺的科多伯西火山。當時隊友們無條件信任我（我在平地長大，無法適應高海拔地區，更別說我是隊上經驗最少的新手）。但是，他們對我的信任，使我在生理上和心靈上的攻頂力量大增。每踏出一步我就想，不能讓他們失望。想像著羅伯特用他那張充滿希望的臉看著我，試著給我信心，好讓我停止哭泣，站起身來，攀上山頂。

在你人生當中的隊友身上試試看吧：你的朋友、員工、同事和家人。讓他們知道你相信他們，信任他們，就會看到他們為了不讓你失望而全力以赴。

把尊重他人當成贈禮

當我們還是小孩子的時候，我們就已經學到，自己的行為方式會換來家人、老師和朋友的尊重或蔑視。成年後也是一樣：大多數時候，我們都是被動地要求別人尊重我們。但是，若要成為世界級團隊，我勸你從一開始就要主動尊重你的隊友，別讓他們先證明自己。把尊重當成贈禮，而不是一味批評；當你這麼做時，才能真正讓你的團隊團結一心。

多年前，我已深刻感受到獲得尊重做為禮物的力量，而不是抓住我的痛處嚴厲批評。當時，我剛從聖地牙哥消防學院畢業。在聖地牙哥，新手消防員剛畢業後要到消防局見習一年；也就是說，第一年見習期間，你可能隨時被消防局解雇。為了讓大家知道你還是個「菜鳥」，消防局在我們的頭盔上貼了一枚亮橘色盾型勳章，彷彿是個閃閃發亮的霓虹燈標誌，上面寫著「笨蛋……笨蛋……笨蛋」。這樣一來，其他消防員從很遠的地方看到你，就知道你是新手，然後就可以等著看你出醜，成為他們每天的娛樂活動。

剛從消防學院畢業後一週，我就被派去跟著一位隊長共事，他那暴躁易怒的脾氣早已是眾所皆知。你知道的，他就是那種年紀稍長、還活在史前時代的消防員，不太相信女人可以勝任消防工作。我真是嚇死了。那天上午的第一件事，他就要全體人員進行一場消防演習，練習使用一種 Y 型軟管接頭的消防器材。知道要練習使用 Y 型軟管接頭時，我非常緊張，因為我知道這種消防器材的作用。Y 型軟管接頭是一種鋼製軟管接頭，形狀就像一條蛇的叉字型舌頭，也像英文字母 Y。將大口徑的軟管套上 Y 型接頭，可以分出兩個出水口。分別接上較細的軟管之後，利用接頭上的切換開關，可以控制水流要往哪個較小的出水口流出。撲滅建築物的火勢時，可以利用這個器材，同時在大樓的兩側進行滅火工作。

消防演習時，我的工作很簡單：把較細的軟管接上 Y 型接頭，確定切換開關的操作正確，讓水從正確的出水口流出來。當時我們只在 Y 型接頭的右邊接上軟管和噴嘴，左邊沒有接上任何東西。那天，我的搭檔已準備就緒，站在軟管的另一端，手裡拿好噴嘴。我將 Y 型接頭上的切換開關轉到右邊，然後朝著消防車大喊：「準備放水！」消防車那頭的工程師回答：「水來了！」

當水柱從大口徑水管噴過來時，那感覺實在太恐怖了。來勢洶洶的水柱，好像電影《沙丘魔堡》裡在沙漠中蠕動的巨大沙蟲，發出一堆嘈雜的聲音，全速朝我正前方流過來。看到這麼強烈的水壓向我流過來時，我整個人嚇呆了，頓時覺得天旋地轉，內心開始懷疑自己剛剛做的：切換開關應該要轉到哪一邊？我剛剛是轉到右邊，但這是不是表示水會從右邊出來？或者，其實我是把右邊的水源關掉了？啊！

在這緊要關頭，當強大的水柱正要接近 Y 型接頭時，我念頭一轉，彎下身將切換開關換到左邊，也就是原先沒有接上任何東西的那一邊。看到這裡，你應該感覺到大事不妙了吧？此時，水柱立刻從 Y 型接頭左邊噴了出來，擊中我的大腿，強大的力道把我撞倒在地。我被水柱噴倒後，在地上滾來滾去，身上沾滿了黑藍色顏料，我還笨到不知道要躲開。這時我的隊長大喊：「快跑！快跑！」嘿，

好主意！我一面對著自己說，一面緩慢地讓自己站起身來，因為我身上還背著 36 公斤重、被水淋濕的消防裝備。就這樣，我全身濕淋淋地移到旁邊沒有水的角落，羞愧地低著頭，遠遠還聽到隊長向工程師大喊關掉水源。

當我終於有勇氣抬頭看時，大家都站在那裡盯著我，看著我這個全身濕漉漉又可憐的笨蛋菜鳥。當我慢慢地拖著腳步走回隊長身旁時，我清楚地記得當時還雙手緊貼著身體兩側，保持立正站好的姿勢，現在回想起來真是好笑。我猜，當時我一定在想，就算要被炒魷魚，也要立正站好吧！

「長官，我可以鄭重地請您讓我們再演習一次嗎？」我問：「我非常相信這次我弄清楚了。」

「不了。」他搖著頭說：「我們這就結束演習回去了。」他很快轉身走向他在消防車上的座位。

我內心痛苦極了。我真的很想要這份工作，夢想當一名消防員。我想要有再一次機會，向隊長證明我可以辦到。我跟在他後面，依舊是立正站好的模樣。

「拜託，長官，可以停一下嗎？長官，我鄭重地請您讓我們再演習一次，長官。」

他轉過頭來看我時，我可以看到他拚命想忍住咧嘴大笑的模樣。跟平常一樣，他的牙齒依舊卡著一根牙籤：「我們不用再演習一次了，班—妮—卡莎。」

我眼眶泛著淚，繃緊了神經，哽咽著問：「我可以問為什麼嗎？長官。我真的很想要這份工作。」

他拿下牙籤，回了一段我永遠不會忘記的話：「好吧，班—妮—卡莎，我來告訴妳為啥。妳瞧，今兒早上起床時，我就已經定好了目標，要在今天結束前，讓我隊上的消防員知道怎麼使用 Y 型接頭，而且還要比別人都懂。現在我非常確定，這一刻，妳一定比那該死的全世界都知道怎麼使用了吧！」然後，他又把牙籤插回嘴裡，趾高氣昂、志得意滿地走了。

吃午餐時，我向他道謝，感謝他在演習時處理我犯錯的方式。

「看吧，我知道妳不是笨蛋。」眼前的彪形大漢扯開一抹燦爛至極的微笑：「而且，對我和其他那些小伙子來說，那還真是個不錯的消遣。妳隨時可以回來跟我共事。」

在我第一天上工時，隊長就把尊重當成禮物送給我，一個我從未獲得過的尊重，這就是我想共事的領導。通過見習後，我就要求被分配到他的隊上，而大部分同事都為此感到訝異。但是，能與他共事是我的榮幸，之後我一直跟了他七年，直到他退休為止。他把尊重當成禮物送給我，而不是給我打分數，讓我看到了真正優秀領導者的本質。此後，我的生涯都在努力不辜負他對我的信任。

相互尊重
企業個案研究

已辭世的沃爾頓（Sam Walton）於 1962 年創辦沃爾瑪百貨（Walmart）。他的三大核心信念是：精益求精、顧客至上和相互尊重。沃爾瑪百貨的官方網站上規劃了一個專頁，專門介紹公司員工的故事，並且稱他們為「夥伴」，多方面展現了沃爾頓對於團隊成員的尊重。以下故事來自沃爾瑪百貨人事部一位名叫莉莎的夥伴：

西元 1990 年，沃爾瑪百貨在明尼蘇達州伊根市（Eagan）開分店，我在那時進入公司，並且在那兒工作了一年。當時我上的是大夜班，依照慣例，沃爾頓先生會請新分店的員工吃德州燒烤。

我們都知道公司一定會請我們吃大餐，但我沒想到，會是跟沃爾頓先生一起乘坐大型豪華轎車去吃燒烤，在座的還有一些董事會成員。他和那些董事會成員，不但在凌晨兩點時請所有大夜班同事吃飯，而且還親自招待我們[1]。

---

1 Walmart, “When I Met Mr. Sam,” http://walmartstores.com/AboutUs/332.aspx (accessed October 2, 2011).

沃爾頓與員工相互尊重的互動方式，聽起來就像傳奇故事。的確，這就是他成功的關鍵之一；也就是這樣的信念，幫助他從阿肯色州開創的一家小小平價商店，發展成全球連鎖百貨公司，同時擁有數以千計的夥伴。2010 年，沃爾瑪百貨的營收超過 4,000 億美元。誰說好人一定都是墊底的？

同心協力入門練習：相互尊重

每當你在團隊中的窩心感覺不再、或是需要應付一場挑戰時，問問自己一個問題：「如果我是＿＿＿＿＿＿相信的人，現在我會怎麼做？」在空白處填入一個會無條件愛你的人，一個總是能看到你最好一面的人。可以是你的母親、父親、兒子、女兒、姊妹、兄弟、精神領袖或寵物狗。讓這個答案引導你成為世界級的隊友，這個方法屢試不爽。

以下這道習題，能幫你為職務內容和目標相似的員工培養輔導能力：

- 發起一項簡單的比賽，每一季舉行一次（主題可以是「克服障礙」、「成功銷售」或「你不會相信這是真的！」，或是任何你想和員工一起分享的資訊），然後架一個內部分享網頁，讓同事分享他們自己的故事，例如他們克服了什麼障礙，用了什麼創新的方法達成交

易。每週選出前三名最精彩的故事，頒發有趣的獎品。並且讓大家知道，最有影響力的故事、貢獻最多故事的人，都會在公司最大型年度會議中接受表揚。

如何促進員工設身處地為彼此著想，並且尊重彼此的職責呢？

■ 要求團隊每一位成員寫一頁「生活週記」，説明自己在哪一週或某一天負責的工作中，做了哪些事，以及取得哪些成果（如果團隊成員都在同一間辦公室，而且人數不多，這道習題也可以透過兩人一組的訪談方式進行）。完成週記或訪談後，讓他們回答下列四個問題：

1. 我對自己工作的最大誤解是什麼？
2. 在我的工作／職責中，我希望更多人瞭解哪些部分？
3. 在我的工作中，我認為最困難的部分是哪些？
4. 在我的工作中，我認為最棒的部分是哪些？

我相信你會聽到許多驚人的答案，像是對其他同事的臆測；或是我們整天所做的事，其實幾乎都與事實不符。完成這項習題之後，大家都能對彼此更加心懷感激，也更懂得珍惜自己的工作。

以下習題是要幫助員工，瞭解並欣賞辦公室每一個人的獨特之處，以及瞭解他們如何思考／學習／應變：

- 讓辦公室每一個人拿一張 A4 大小的紙張，閉上眼睛，把紙拿到自己面前，聽著你的指示照做。要他們「把紙對折一半後，將右上角撕掉一塊，再把紙對折一半」，然後「將左下角撕掉一塊，再把紙對折一半」，最後「將下面中間部分撕掉一塊」。接下來，數到三後，請大家睜開眼睛，打開他們手上的「雪花片」，看看大家的雪花形狀是否都一樣。相信我，能找到兩張一模一樣的機率，只有千分之一。看著大家笑著發現彼此的雪花形狀都不同，真是一件有趣的事！這個活動告訴我們兩件事：第一，每個人因為背景、教育、經歷等不同，行事也會有所不同。雖然領導者給大家的指示都一樣，但是每個人做出來的結果仍然不同。那麼，這些人當中有人做錯了嗎？沒有。這個活動只是更加證明一件事實，別人做事的方法跟你不同，不代表他們做錯—他們只是想法不同，但通常也不比別人差。其次，如果想要他們「完全依照」你的標準做事，你的指示、標準和所要的結果就必須描述得更清楚。領導者通常會因「詳細告訴他們怎麼做」而感到厭煩，結果通常就會和你的想像相去甚遠。身為領導者，必須達到絕對條理分明，不要以為大家都能讀到你的心思；不然，你就必須在員工們呈上個別完成的雪花片時給予掌聲。

5
同舟共濟

只要沒有人在乎功勞歸誰，你就會對大家的成果感到驚嘆。

—佚名

大部分團隊剛開始參加越野賽時，會試著尋找最棒的越野車手、最厲害的划舟選手、最優秀的領航員等菁英加入團隊；不過，這些由超級明星選手組成的團隊，往往最後都半途而廢，甚至不到一半就放棄。追根究柢其原因，通常在於自尊心太強，隊員們不願共同承擔彼此的優缺點。從長遠來看，成為真正的團隊打造者才是最重要的技能；而我們的團隊也是直到瞭解這個道理後，才開始贏得比賽。我深信，這個道理也同樣適用在我們的人生。

在真實世界中，當個獨行俠非常容易，表面上說是團隊合作，但必要時你也可以獨自完成任務。大部分時候，我們會更相信自己的才能、判斷力和技能，因為我們就是靠著這些走過來的，不是嗎？但是，為了更上一層樓，為了超越你能獨立完成的成果，你必須有能力建立並激發出一個「同舟共濟」的團隊。在這個團隊中，你可以和隊友分享彼此的優點，承擔彼此的缺點，整合各自不同的才能與技能，把你自己當成一幅高績效拼圖中的重要一片。

帶大家一起跨越終點線

對我而言，從鐵人三項轉換到越野賽時，就像是面臨文化衝擊。參加鐵人三項時，就像是一個人的旅行，想跑多快就跑多快，想慢下來就慢下來，想加速就加速。生活變得很簡單，只要靠自己就好，出了問題也只能責怪自己。但是，開始參加越野賽時，光憑自己贏得勝利的觀念已成為過去式了。我很快學習到，在全世界最優秀的團隊中，不能存有私心，不能保留實力，必須奉獻你的一切給團隊，不遺餘力。最重要的是，當你感覺不樂意時，也會為團隊帶來缺憾與痛苦。結合資源共享（不論是實力、裝備或食物），而不是各自為營，才是構成同舟共濟的關鍵原則。

奇怪的是，現實生活中，我們從小就認定成功是無法共享的一件事：如果我贏了，其他人一定就是失敗。不過，一旦決定誰跟我們是同一團隊（你認為自己每天都與全世界對立嗎？或是你把你的家人、工作單位、客戶、公司視為你的團隊？這是一個重要的問題，一個我們必須每天思考和回答的問題），為何不能努力帶著隊友一起登上勝利的寶座呢？與隊友一起跨越終點線，會讓我們少了什麼嗎？我認為，以領導人和團隊打造者的身分這樣做時，只會讓你收穫更多。比起奧運頒獎典禮時獨自站在領獎台上領獎，大家一起到台上領獎、互灑香檳在隊友身上的史丹利盃（Stanley Cup）慶功方式不是更有趣、更令人難忘嗎？

全體團隊一起承擔責任

看到團隊中有人互相指責時，就知道這個團隊永遠不會成功，不論團隊中的個別成員有多優秀。團隊裡若是出現類似這樣的抱怨：「我不認為鮑伯訓練有素，他從頭到尾一直都在說謊。」或是：

「史蒂夫在剛剛那個階段搞錯方向了。」就是團隊裡有人要為了自己的利益而推別人下水的徵兆，也就是各人自掃門前雪。如果成員互相指責缺點或錯誤的情況持續下去，特別是這種情況出現在公開場合時，你已經可以跟「團結」這兩個字說再見了，同時也會失去為隊友工作的慾望；不然就是只求自保，不管團隊的整體利益。

因此，最優秀的團隊會用「我們」來表達一切：「我們迷失方向了。」「我們在這個階段陷入困境了。」「我們搞丟帳單了。」負責這件事的同事已經夠沮喪了，更重要的是，他們知道自己是什麼樣的人。他們會感激你支持他們的，而且，將來有一天若是同樣的情況發生在你身上，他們也會同樣支持你。團隊的問題就要由團隊所有人一起解決，仁慈和寬容的精神，是讓團隊長久緊密相連的黏著劑。

此外，許多團隊的問題都出在缺乏同心協力，而非特定隊員的個人表現。例如，一個團隊在參加越野賽時，若是導航員出了差錯，並不是只有導航員一人的失誤，一路上其他隊友也有責任幫助他。導航員的工作是，告訴隊友要尋找的目標，而其他隊友也要替他留意，當他的後盾：「史蒂夫，我看到你要我們尋找的山脊線了，但我好像也看到前面有片草地。」就是這樣不斷地互相溝通，才能讓大家感覺是坐在同一艘船上的團隊。

在高績效團隊中，每個人都要為整組的成功和失敗負起全責。將失敗的責任全歸咎一人，等於打散了整個團隊，因為每個人都有責任幫助陷入困境的隊友。反之亦然，若有人遇到困難而不讓其他隊友知道，就表示他們也沒有把自己當成團隊的一份子。

患難與共

最棒的團隊打造者總是會不斷地為全體著想，思考如何讓整個團隊的前進速度更快、更有效率，思考如何補救團隊的缺失，整合大家的力量，好讓大家患難與共。第一次聽到「患難與共」這個字眼時，我正在厄瓜多高盧越野賽的起跑點，這也是我第一次與全世界最優秀的團隊一起比賽。比賽開始前，隊長約翰要我們圍成一個圈圈，並且將所有人的裝備集中放在這個圈圈裡。然後，他開始根據每個隊員的體重和負重能力，仔細為每個隊員安排第一階段 120 公里行進賽程（在海拔 4,250 公尺的高山上啊！）負責要背的裝備。我驚訝地看著約翰，他幾乎把我所有的裝備遞給隊上最強壯的選手，羅伯特和史蒂夫；而我只分配到一個水壺，還有那個裝了幾包芝多司的背包。我覺得好窘，很明顯我要背的裝備比其他隊伍的女選手還少很多。

「嘿，我覺得很不好意思。」我對約翰說：「我可以多拿一些自己的裝備嗎？其他女選手都自己背自己的裝備。」

「這個嘛，其他女選手不會贏得這場比賽的，是吧？」他回答：「妳看，我們要從海拔 4,250 公尺處開始行進。如果妳背自己所有的裝備，每分鐘心跳會高達 160 到 170 次，而羅伯特會是 120 次。假使能讓你們兩人的心律都達到 140 的情況下行進，這不是更合理嗎？只要能試著患難與共，就不會有人倒下，我們可以一起撐得更久。」

他說得完全沒錯。當比賽開始的鳴槍聲響起，羅伯特就健步如

飛地前進，即使他身上多了些裝備。比起讓我背自己所有的裝備，我更因為自己能跟上團隊的腳步而由衷感激。我和隊友們真正做到了患難與共。整場比賽中，差不多每隔一小時，我們就要用一套數字系統來衡量當下的體能狀況，而我從來沒試過這種方法。一路上，只要有人喊道：「從 1 到 10 來看，我們現在情況如何？」大家就會各自報出一個數字，像是 10 代表「我感覺超棒」，1 代表「我累翻了」。如果大家都是在 5 到 8 之間的範圍，就保持現狀繼續走下去；如果有人掉到 5 以下了，同時有其他人超過 7，我們就會立刻交換裝備，讓累癱的隊友少背一點，或是完全不背。只有在大家都放下自尊、或不怕對方反彈時，才能做到這件事。道理其實很簡單，就是要讓整個團隊以最快的速度前進。

成功是永恆的，痛苦是短暫的；而且，當你登上冠軍寶座時，大多時候會忘記痛苦。事實上，當你把自尊心丟在起跑點，接受並感激來自隊上較強壯隊友的幫助，他們多半也會感激你。他們會想和你患難與共，因為這才是贏得勝利的關鍵。還有一件重要的事，在任何一場有價值的團隊遠征之旅中，不論是職場或人生的旅程，我們隨時都有可能成為隊上最強的一個，或是最弱的一個。一個同舟共濟的團隊會包容這一點，而且會為了整體的利益，降低它所帶來的衝擊。世界級團隊中存在著一股施與受的清流，而這股清流確實能為團隊帶來令人振奮的體驗。

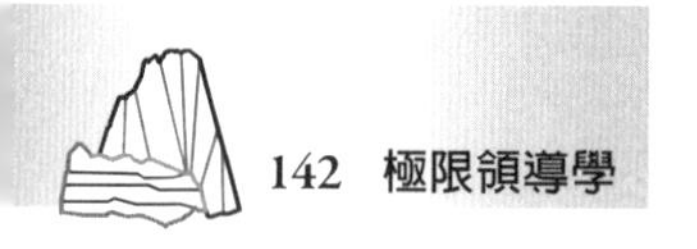

你的問題＝我的問題

在同舟共濟的團隊當中，所有的問題都是「我們的」問題，所有的成就都是「我們的」成就；當然，所有的失敗也都是「我們的」失敗。同樣地，在全世界最棒的團隊中，你幾乎不會聽到「這不關我的事」，或「那不是我的問題」這種話。雖然某位隊友發生的問題可能真的與你無關，但是在越野賽中，他們的問題也是你的問題，因為沒有他們，你就無法繼續邁向終點。在現實生活中，即使不互相幫助，我們也可以在自己的路上向前邁進；但若是單槍匹馬上陣，我們的收穫比不上一個優秀團隊一起完成的成果。想要有豐碩的成果，不只是要與隊友有福同享；最重要的是，不論是好與壞，或是每一位隊員所承受的困境，都要一起承擔。

像這樣的團隊合作方式，會一次又一次適時發揮作用。在某一場比賽中，我不知道在哪裡弄丟了越野單車的一個踏板。這沒辦法繼續騎了，因為整個腳蹬已經脫落，若是不找個東西代替踏板，固定住腳蹬，就會一直鬆掉。如果我是在其他團隊，隊友可能會搖著頭對我說：「哇，糟糕了，妳還真倒楣。」但是，在這個超級團隊中，大家都會立刻停下來幫我一起想辦法。我們在附近空地四處尋找，是否有樹枝、鐵條或其他東西可以充當踏板。弄丟踏板就是整個團隊的問題，他們沒有丟下我不管，只顧著自己休息和吃午飯，讓我獨自想辦法解決，更不會糟糕到丟下我一人繼續往前走。不會的，整個團隊的態度是：這是我們的單車，所以，這是我們的問題。

最後，我們決定不要繼續浪費時間想辦法，先解決當前的問題。

目前這個階段剩下 100 公里路，就讓三位最強壯的隊友輪流騎這輛單車，一人騎 30 分鐘。其中一位隊員騎著這輛壞掉的單車時，另兩位強壯的隊員騎在他兩旁，將手放在他的下背部，幫忙推著他上坡，因為他必須比其他人多花兩倍力量騎這輛破車。而我的工作就變成提醒大家喝水，拿出能量棒分給大家吃，讓他們專心騎車、推車和拖車，卻不忘補充體力。

這就是同舟共濟的團隊處理問題的方法：他們會把問題視為打造團隊時所面臨的挑戰。我們在阿根廷參加高盧越野賽時，有隊友在泛舟階段弄丟了划槳，我們也用了同樣的方法。當時比賽已進行了兩天，我們正在一條湍流上瘋狂地划著槳。這時，一位隊友的划槳打到了一塊岩石，因為手沒抓穩，划槳掉進河裡了。但我們不可能倒回去撿，因為這可是一條激流啊！

可是，沒有划槳，我的隊友就無法繼續進行這個階段的激流賽程。於是我們決定先停下，找東西代替划槳，只要能讓船划得動。不過，四周實在找不到什麼東西可以替代，只能找到一株小樹苗—真的，是一棵小樹木—散開的部分有點像划槳。除了看上去真是蠢到無可救藥，這棵小樹苗還重達七公斤。很明顯地，隊友一次只能划個幾分鐘。於是，接下來的幾小時賽程中，我們輪流用這棵樹木划船，還給它取了名字叫「雷神索爾之鎚」。我們每個人輪流用雷神索爾之鎚划了約十分鐘，直到手臂累到要爆炸了，才把它傳給下一個隊友。為了繼續追尋共同的目標，我們選擇共同承擔責任的方式。

在我們最棒、最令人難忘的比賽中，我們把「分享」這件事發揮到淋漓盡致。當我們回到旅館卸下所有噁心、濕答答、充滿泥濘和臭味的裝備，然後不斷地穿梭在隊友的房間交還彼此的裝備時，我們知道自己打了一場美好的比賽。在一場成功的比賽中，我們不會在用完裝備後、停下腳步把裝備放回自己的背包，反而把自己的裝備或食物放進其他隊友的背包，因為這樣在比賽行進中更容易拿取。因此，比賽結束時，背包裡除了自己的裝備，也裝有其他隊友的裝備。此刻，這些裝備是誰的已經不重要了，因為這些都是我們的裝備。事實上，我們還發現，如果能策略性地將食物和裝備都放在另一位隊員的背包裡，在行動上就會更有效率。如此一來，就不用為了拿取裝備而停下腳步，或是扭過身體去取背包，而這就是交換的竅門。直到今天，還有一大堆零零碎碎的裝備放在我的車庫裡，上面還寫著隊友的姓名縮寫。這些都是比賽結束回家後，才發現忘了還給隊友的；不過，隊友也說了，先不用還沒關係。每一件裝備都能勾起一場比賽的美好回憶，我知道隊友們的車庫裡也一定還收著一大堆我的東西。

不要比較、競爭或批評

坐在同一艘船上的團隊，從不說長道短、議論是非，也不會為了一己之私而陷害隊友。這一切都要從你開始，相信我，你的團隊也會跟著你這麼做。如果你開始跟隊友比較、競爭，或是批評他們，請自覺地懸崖勒馬，因為沒有什麼比這樣做更能快速摧毀一個團隊的精神。

與其成為 3C 隊友—也就是愛比較（compare）、競爭（compete）和批評（criticize）—我奉勸你設法成為一位 3A 隊友：願意接納（accept）、感謝（acknowledge）和欣賞（appreciate）任何關於隊友的正面事物。抱持這樣的態度，不僅可以讓你更快到達終點，也可以幫助你更快通過關卡。記住，我們是為人工作，不是為公司。大家會為了 3A 隊友或領導者更加努力工作，而不會為了 3C 隊友或領導者工作。

在 2002 年的斐濟大自然挑戰賽上，我曾看到一個活生生的例子，最能說明一個團隊因為 3C 做法而引發適得其反的災難後果。當時有一支隊伍的隊長，為了滿足自己的自尊心，只想打擊自己的團隊。他容許隊員之間互相比較、競爭和批評，包括他自己。這就糟了！於是，這個團隊所有的隊員，一路上不斷地互相打擊，直到毀了整個團隊為止。而且，他們的比賽差不多在開跑後 36 小時就宣告結束了，因為他們已經完全自毀長城了。

那位隊長曾是美國陸軍突擊隊員，他隊上的女隊員稱他為「突擊男孩」，其他隊員也都大有來頭，大部分是菁英特種部隊類型的，例如美國海軍海豹部隊。諷刺的是，這個團隊還是代表一個慈善團體參賽。原本是為了一個更崇高的目的，一起參加比賽，結果他們卻把彼此當成敵人般看待。從歷史的角度來看，軍隊背景出身的選手，一直都無法在越野賽中有好的表現，因為在執行非真正戰鬥計畫時，軍中階級分明的領導作風是起不了作用的。在越野賽中，計畫趕不上每一分鐘的變化，沒有一個人是全能的，必須接受自己不會完全知道所有問題的答案，而且要相信你的團隊幾乎可以應付所有問題。然而，這位突擊男孩卻沒有同舟共濟的觀念，他是那種要時時刻刻徹底控制整個團隊的領導者，想要攬下所有功勞，要當團隊中最聰明的一個。為了自己的自尊，他只想當一個帶大家抵達終點的英雄。他帶領著一個原本可以同舟共濟的團隊，卻因為 3C 思考方式而毀了這個團隊。

當這個團隊聯合起來排擠隊上唯一的女隊員時，就注定了會在極短時間內瓦解的命運。暫且稱這位女隊員為黛比。這個團隊的一名選手甚至說，他認為黛比沒有誠實報告自己的體能狀況。另一位選手則對黛比感到不滿，因為他必須為了黛比放慢腳步。而且，當黛比要求隊友幫她扛一些裝備，讓她平衡負重比例，可以走得更快些，儘管這本來就是所有懂得同舟共濟的團隊在比賽一開始就該做的事，但是那位突擊男孩卻將黛比背包裡的東西拿出來，丟給其中一名較強壯的隊員，幸災樂禍地笑著說：「喂，你拿著這個吧，這不會增加多少重量。」原本該伸出援手幫助隊友的他們，卻選擇苛責黛比要求幫忙這件事，黛比的心靈也因此受創了。

已經有一個隊友被擊倒了，現在還剩兩個隊友等著被摧毀。這個團隊中有一位新手，暫且稱他為馬克。馬克一心一意只想向突擊男孩證明自己有多強，這樣的團隊就很難過關了。即使其他隊友已經警告了，馬克仍一股勁兒地跑得比所有隊友都快。如果他一直這樣踩足油門往前衝，很快就會耗盡體力。本來可以跟隊友一起選擇最安全簡單的路線，進行攀岩或溪降，但馬克卻特別選擇最困難的路線，導致大家都必須停下腳步看著他。每當馬克大喊：「看我的！看我的！」他的隊長也會跟著喊：「不可能的，夥伴。」每當馬克

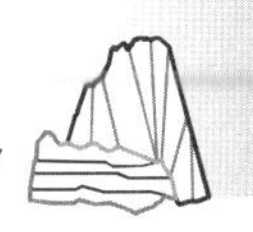

想要有所表現，好讓領導者對他刮目相看時，突擊男孩卻認為馬克是在故意惹他，並且認定馬克只是想設法超越他。因此，突擊男孩決定挫一挫馬克的銳氣。

「我告訴過你……我還沒為難過你。」就在電視台的攝影機還在一旁拍攝時，突擊男孩對馬克說：「如果你要這麼步步緊逼，讓這場比賽這麼難進行下去，我就讓你把你自己真正逼到崩潰。」

等等，什麼？這些人不是應該屬於同一個團隊嗎？

由於突擊男孩身為領導者，卻缺乏同理心，也不瞭解自己應該該扮演的領導角色，而馬克又亟欲得到肯定，結果馬克最後徹底瓦解，變成隊上最弱的一個。他整個身心靈完全崩潰—而這一切，都在比賽才進行 36 小時內就發生了。

一個有同理心的隊長，原本可以在 0.2 秒內就順利解決黛比和馬克的問題，但是突擊男孩卻大肆批評，導致分歧加劇。他忘了把自尊丟在起跑點，除了他自己，絕不允許其他隊員有優秀的表現。一個有同理心的隊長，不會威脅要把自己的隊友逼到崩潰，而是應該說：「馬克，你真是個了不起的運動員，你好強。何不幫忙扛黛比的背包，讓我們一起加油？黛比，看看妳有多棒，現在妳能跟上隊伍了！」面對馬克尋求肯定的渴望，以及黛比要求幫忙的意願，原本可以選擇將這些情況視為一種福利，但他卻選擇將他們的行為，視為有意挑戰他那無庸置疑的權威，因為他把自己當成隊上最強、最至高無上的那個人。

我在演講時播放這段影片，在電視螢幕上再看到這一幕時，還是同樣令人感到震驚。所有觀眾也都在嘲笑，竟然有人的眼光會如此短淺，如此自負。演講結束後，我意外發現有不少人來找我，告訴我他們非常確定自己就是在替突擊男孩那樣的人工作；甚至更慘的是，他們也在突擊男孩身上看到了自己。我們都想要被認可，希望被大家認為是最強、最聰明、最權威的，這是人的天性。突擊男孩的隊員已經把他當成隊上之最了，他卻沒看到這一點。在這種情況下，沒有人質疑他的領導作風、權力或經驗，只是想獲得他的肯定，肯定他們也是強大、有能力、聰明的。

為何大家這麼難做到這一點？身為領導人，為何不能給予隊友他們所需的？首先，一開始突擊男孩就缺乏身為領導人的自信。第二，他不了解他的團隊。在這種情況下，他的隊友只有他自己。即使凝聚、激發團隊是唯一達到終點目標的方法，但是，在他狹隘的觀念裡，他認為跟在他身旁的都是敵人。第三，他忽略了同舟共濟的重要性。他縱容、甚至激起隊員之間的比較、競爭與批評，卻不制止。他從來沒想到，將馬克尋求表現的力量用在黛比的需求上，讓他們可以為了整個團隊的利益而同甘共苦。真是令人遺憾，他完全錯失了可以帶領大家提升自我的機會。

隨時隨地團結互助

建立同心協力的力量，不一定只能將團隊推到勝利的終點線。信不信由你，在必要情況下，同心協力也是達成「個人」成功的關鍵。多年來，建立短暫的團結一心，讓自己領先他人，一直是運動界的標準做法；但是，在職場上確實極少看到有人運用這項策略。

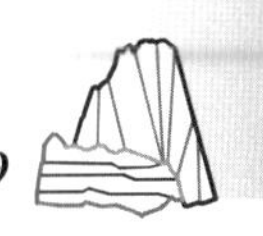

一般說來，在平常生活的職場食物鏈中，我們只關心自己的目標，爭取自己應有的榮譽，想要引起周圍的人（特別是上面的人）注意。我知道，這一切端看我們會得到什麼樣的獎賞而定。而且，大家都是為了得到升遷或肯定，才會調整行為，這點也是合理的。不過，即使只是為了個人的成就和獎賞，同舟共濟這個策略也不能被忽視。例如，在越野賽和自行車賽中，為了個人的利益，我們也經常要和最大的競爭對手結盟、分享資源。你想說，這看似違反常態。是嗎？讓我來解釋一下。

在一場六到七天的越野賽中，我們會在頭幾天利用白天的時間盡可能多趕點路，因為若是等到晚上再應付複雜的地形和路線導航，就會更加吃力。如果能提早幾天超前進度、而其他落後的隊伍不得不在夜間應付那些困難的路線時，領先的隊伍和落後的隊伍的差距就會越拉越大；如此一來，競爭對手也會越來越少。因此，為了拉大自己跟落後隊伍之間的差距，並且控制可能的競爭對手數量，在越接近終點線的時候，經驗最豐富的選手早已知道，與其他領先的頂尖團隊合作也是至關重要。角力的較量早在比賽開始那一刻展開，速度最快的團隊要不斷避免讓其他競爭對手緊跟在後，以免他們不費吹灰之力坐享其成。比賽開始 24 小時後，通常只有五到七組團隊會領先其他隊伍，不論他們是真正具有競爭力的團隊，或只是一群筋疲力盡、岌岌可危的團隊；而此時，才是真正的比賽開始。

幫助別人的同時，也是在幫助自己。因爲我們付出的善行，
在完成一次週期後也會回到我們身上。

就在這個時候，通常會有不可思議的事情發生。一般說來，越是關鍵時刻，路線導航就越有可能出錯；或者，越是關鍵時刻，大家就越能互相合作、共謀利益。為了獲勝，真正的競爭者（我們知道自己正在扮演什麼角色！）通常會心照不宣地休戰，締結聯盟，共同合作。我們會分享地圖，一起設法解決既困難又複雜的導航路線，互相幫忙拖單車或船隻，分享彼此的食物。基本上，我們這幾組可能奪冠的隊伍，會組成了一個小聯盟，互相利用，讓我們和其他落後的隊伍之間的距離拉得更大。這個聯盟通常是由兩、三個團隊組成，就像一群鯨魚包圍小蝦，直到我們和那群追兵之間的距離大到無法跨越。我們要集合所有人的才幹和力量，將那群追兵拒於門外，一刻都不放過。這樣的差距可以維持一到三天，一旦確定冠軍一定屬於我們這個聯盟裡的其中一支團隊，頓時氣氛就變了。距離終點線越來越近時，我們慢慢地可以感覺到「比賽」又再度開始了。大概最後的 24 小時，為了奪冠，大家就會展開一場激烈的戰鬥。雖然我們敬重這些團隊，但誰會甘心屈居第二呢！

就算是獨自一人參加的比賽，也不能少了同舟共濟的樂趣。2006 年，離開鐵人三項運動 12 年後，我決定再次嘗試鐵人運動，純粹為了好玩而已。這場鐵人運動包含了許多耐力賽項目，包括 3.8 公里的游泳、180 公里的自行車賽、42 公里的馬拉松長跑，我曾在 1990

年代初期完成了七場比賽。我心想，對我下一場越野賽來說，參加鐵人運動應該是個有趣的鍛鍊方式。

但是，在騎單車途中，我發現獨自一人騎單車超過五小時、然後又單獨長跑四小時真是一件無聊的事。我在想什麼呢？沒有隊友陪我，也沒帶 iPod。如果我在下一個轉彎處打滑摔車，也只有一大群體脂肪零的選手騎著單車呼嘯而過，沒有人會同情我。我已經變得很習慣跟志同道合的團隊一起比賽了，而且也很快發現，對我來說，越野賽和鐵人三項的世界，就像洛威拿犬對比獅子狗，已經沒什麼共同點了。在鐵人三項的世界裡，只有跟時間比賽；為了加速衝刺，為了獨享抵達終點的榮耀，只能與其他選手擦肩而過。嘿，我是十分尊重鐵人三項運動的，鐵人三項的選手都是狠角色，而我也曾經是這樣的狠角色。我曾經參加鐵人三項多年，只不過這種運動風格已經不再適合我了，就這麼簡單。我已經完全陷入了那種會讓我滿身泥濘骯髒、汗流浹背、飽受蚊蟲滋擾、需要在荒野大西部般環境中團隊一心的越野賽。於是，在百無聊賴地重複踩著踏板的單車賽程中，我決定引導出自己內在的同心協力。

根據鐵人運動賽的規定，必須與前方的選手保持三輛單車的距離，以避免擦撞，或趁機藉由車速形成的氣流，產生推動力將自己往前推進。有人超越你時，你可以有 20 秒鐘重新調整三輛車的距離，以免被罰。換句話說，不論是誰急起直追超越你，你都有責任後退保持三輛車的距離。於是你可想像，被人超越的感覺是多麼討厭，特別是那些超越你的選手卻又沒有能力繼續維持超前的動力。

在那場比賽中，我遇到一個速度似乎與我不相上下的選手；在前段 40 公里賽程中，我們頻頻互相超越對方。我們兩人始終無法擺脫對方，讓我一度覺得很好笑。我超越他時，他又趕上我，但是又慢下來，於是我又超越他。最後，我實在是忍無可忍了，這時我聽到自己做簡報時的聲音在耳邊響起（你可以想像那種情況有多討厭了吧）：「隨時隨地團結互助。為了共同利益，打造一個前所未有的團隊。一個同舟共濟的團隊會怎麼做呢？」最後終於靈機一動。我發現，這些選手所屬的組別和年齡層，大多和我不一樣，我為什麼要和他們競爭呢？同樣地，為什麼全世界每一個人在比賽時，都要卯足全力和同場的選手互相競爭？

我突然覺得這很荒唐可笑。在真實世界中，我們與其他人的互動和反應，就跟照鏡子一樣：大家都在互相對立，我的團隊就只有我一人！其他人都有可能超越我，奪得冠軍！啊，超噁心的。既然我接受了越野賽的洗禮，早就已脫胎換骨，相較於 12 年前參加鐵人三項的自己，我的想法已經不一樣了。那麼，我就必須做點什麼，停止這愚蠢的惡性循環。我必須在茫茫人海的數千個單人選手中，建立一個團隊。於是，在這位選手再度超越我時，我向他喊道：

「嘿！麥克！」

「你怎麼知道我的名字？」他回答。

「你的衣服背後有寫，老兄！」

「喔，對喔……」

他順勢插入了我前方的位置。我繼續喊道：「既然我們的速度都一樣，你想不想玩一個 20 秒超越賽？」

他舉起他的手，告訴我他聽懂了。接著，一件美妙的事情發生了。接下來的 130 公里賽程，我們在一場全部由單人組參加的比賽中，建立起一個團隊；而且，也沒違反「三輛單車的距離、20 秒鐘超越的緩衝時間」這項規定。我超越他之後，他以 16 秒時間騎在我後輪右方，然後用剩下的 4 秒鐘後退到三輛單車的距離。然後，他會再超越我，換我騎在他後輪旁 16 秒，再用最後 4 秒鐘退後。如此一直重複下去。

我們連續重複這個超越遊戲約三小時，兩人的氣勢壓倒全場。其他選手都想不透，為何我們會組成一隊，為什麼大會都不阻止我們。騎著摩托車跟在一旁的大會裁判，也只能一再替我們測量時間，但我們的確完全遵照規定；然而，我們卻因此加倍飛速前進著。在鐵人三項運動中，他們從沒見過這麼瘋狂的「同舟共濟」表現吧！我們創造了歷史性的一刻，而我就是喜歡這種感覺。

很快地，那些原本叫囂著要大會裁判處罰我們的選手，也紛紛開始尋找志同道合的搭檔，一同加入這場超越遊戲。我們像是創造了一支「鐵人反叛軍團」，沒有違反規定，只是找到一種新方法詮釋這場比賽。而且，與其他選手搭檔之後，速度反而變得更快，比當成競爭對手時還要快。還有，比賽的過程也變得更好玩了。那天比賽結束時，我和麥克在各自的組別分別獲得第二名和第三名，我還獲得了前往夏威夷科納（Kona）參加世界錦標賽的資格。鐵人三項比賽的獎品是獲邀參加另一場比賽，奇怪吧！無論如何，我非常高興自己找回了比賽的樂趣。我知道，其中絕大部分原因是我的朋友麥克，以及對一些老舊常規的新演繹。

隨時隨地尋找合作搭檔，甚至包括在競爭對手中尋找搭檔，它的理論是這樣的：接近終點線時，你想要有四分之一的成功機率，還是百分之一的奪冠機率？一起合作可以拉開與其他競爭對手的距離，保證讓你登上冠軍寶座的機率，遠高於成為眾多失敗者之一。為了共同利益而一起合作，還能帶來如虎添翼的效果，這種感覺是很酷的一儘管要在終點打敗你的搭檔、讓他們大失所望，是令人難過的事。

在商場上，最完美的搭檔例子，就是企業聯盟、交流活動等類似的合作，讓同一業界但不同公司的人，為了相同的交易利益而合作。在許多例子中，合作對象在某些方面也非常有可能是直接的競爭對手。但他們也都明白，透過分享最佳實務的經驗，聽聽其他同業成功或失敗的故事，也能發現新的發展機會，有助於公司和企業共同成長。我喜歡出席企業聯盟活動的演講，看著大家一起合作交流。這些都是業界最成功的代表人士，這不禁讓我開始思考，他們之所以參加交流會，是因為他們已是成功人士，還是因為多方交流才成為成功人士？助人即自助，這也是真理。

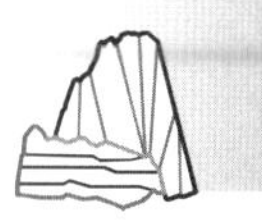

同舟共濟
企業個案研究

惠普公司的創辦人惠列（Bill Hewlett）和普克（Dave Packard）於 1939 年在加州巴洛阿圖市（Palo Alto）創業。為公司取名時，他們用丟銅板的方式，決定要將誰的名字放在前面。最後雖然是惠列勝出，但兩人都因合夥創辦名聞遐邇的惠普公司（HP）而功成名就，這一切都是因為他們具備同舟共濟的精神。

「他們兩人會在辦公室後面的修車間一起工作，遇到問題都會一起解決。」普克的妻子露西表示：「他們會假設其他人跟他們一樣，可以想出好點子來解決問題……我不能說沒見過他們意見分歧。對於特定問題各持己見時，他們會討論所有的正反兩面意見；不過，他們總是能達成令雙方都滿意的妥協。我認為他們的關係非比尋常。」[1]

---

[1] http://www.hp.com/hpinfo/abouthp/histnfacts/garage/partner.html (accessed May 4, 2011).

1958 年，普克寫下他希望惠普團隊能做到的「11 條簡易法則」：

1. 先替同事著想。
2. 替他人建立使命感。
3. 尊重他人的個人權益。
4. 真誠地感激並欣賞他人。
5. 消弭消極悲觀。
6. 避免試圖公然改造他人。
7. 試著瞭解他人。
8. 檢驗第一印象。
9. 注意小細節。
10. 培養對他人真正的關心。
11. 堅持到底。[2]

若是要問我的意見，我會說這是一份製作同舟共濟團隊的完美食譜，也是成功打造一家公司的完美食譜：惠普是全世界最大規模的資訊科技公司，2010 年的營收達 1,260 億美元。

[2] Hewlett-Packard, “HP Timeline,” http://www8.hp.com/us/en/hp-information/about-hp/history/hp-timeline/hp-timeline.html (accessed May 4, 2011).

同心協力入門練習：同舟共濟

逆向比腕力

演講時，我喜歡跟觀眾互動一種有趣的小活動。每次討論完同舟共濟的主題後，我就會讓大家玩這個遊戲，因為每次玩這個遊戲時，總是能把我逗樂。首先，我會要求觀眾各自選一個搭檔，然後開始說明遊戲規則：「這個遊戲名稱叫『逆向比腕力』。遊戲是這麼玩的，你和你的搭檔的目標，都是在 30 秒內讓自己的手臂被扳倒在桌上，次數越多越好。一般比腕力的遊戲規則，是要扳倒對方的手臂；但是，在這個遊戲中，你們的共同目標就是要讓自己的手臂被扳倒。瞭解了嗎？準備好，預備，開始！」

看著大家緊緊扣住對方的手，卻拚命不讓對方的手臂倒下，真是一件有趣的事。同時，也會看到幾組搭檔已經領悟到「同舟共濟」的概念，雙方立刻合作，盡可能快速地互相幫對方把手臂扳倒在桌上。30 秒結束後，我問大家，在 30 秒內讓自己的手臂被扳倒不到五次的請舉手。接著再問大家，有多少人讓自己的手臂被扳倒 20 次以上，這時全場差不多只有 20%的搭檔組合驕傲地舉起手。

於是我問大家，是不是今天早餐沒吃，或是需要開始練習舉重；或者是，已經有人想到了什麼看似瘋狂、但其實是有道理的做法。然後，我要其中一組同舟共濟搭檔站起來，解說他們這組團隊是怎麼做的。毫無意外地，他們的答案都是一樣：「這個嘛，因為你說我們是彼此的隊友，所以我們就想要一起合作！」像這樣的解釋，通常會引來現場觀眾一片嘆息聲；而發出這些嘆息聲的人，剛剛還在試著阻止「隊友」成功扳倒他們自己的手臂，而且還差點因此傷了自己的手腕。

於是，我提出一個問題：「如果能讓你們雙方瞭解到，你們不但有共同的目標，而且可以幫助彼此達到目標，拿到滿分；而不是互相競爭，導致最後兩人都得零分，這不是更好嗎？」

這個遊戲有趣又好玩，寓意卻非常深遠：為什麼人類會認為成功是屬於個人的成就，無法共享？為什麼我們會一直認為，為了讓自己成功，其他人就一定要輸？真正懂得團結互助的人，會將世上所有人當成隊友，而不是競爭對手。當我說你和隊友的目標都是盡力爭取勝利時，是什麼原因讓我們都無法克服競爭的慾望，儘管你們都是在同一個團隊中？當然，我相信競爭可以是健康的，而且我們天生就帶有競爭的DNA，帶著這個基因在學校、體育場、公司努力往上爬，爭取許多個人成就。然而，大部分已領悟到同舟共濟這個道理的人都瞭解，他們的競爭對手不是他們的家人，也不是同一社區或同一家公司的人；其中，同一家公司的人，卻最常被我們當成競爭對象。因此，我們必須問問自己，誰是我們團隊的一份子？當我們可以團結互助、同心協力時，還要繼續競爭嗎？

在人生的戰場上，如果你總是單打獨鬥，就有必要多建立「同舟共濟」的精神！

鑰匙不見了

這裡還有一道同舟共濟習題，是我在大學時期學到的。當時我的幾個姊妹淘，還用這個方法測試她們的約會對象，看看能不能當個好

男友。身為領導者，你也可以用它來測試求職者或新員工，是不是懂得團結互助。

在一場求職面試或團隊會議結束時，你可以中途停下來並且說：「喔，不！我的鑰匙不見了！剛剛還看到的，現在跑哪去了？」然後你假裝到處找鑰匙，同時注意求職者或在場其他人的反應。有些人可能只會坐在那裡說：「真倒楣！希望你能快點找到。」或者會進一步問你：「最後一次看到鑰匙是在哪裡呢？」但是，最懂得團結互助的人，會跳起來跟你一起找鑰匙，把你的問題當成他們的問題。想測試對方是否適合當隊友，這是一種簡單卻有效的方法。

6
目標認同

若想提升團隊合作與互助精神，就請記住：人們在遭受逼迫時，難免會心生反抗。人們往往會支持自己協助創造的一切。

—作家普法夫（Vince Pfaff）

你會不會覺得，總是在拉著隊友朝著你的目標邁進，好像這個目標與他們無關？你要如何讓隊友堅持下去，專心一致地努力達成目標？事實是，人們對於目標的認同感，來自激勵，而激勵必須仰賴發自內心的力量。身為領導人，你可以幫忙提升和激勵士氣，但不一定有辦法製造激勵士氣的動力來源。我相信，一個團隊可以利用獎賞創造短暫的動力，例如為一些有所表現的員工提供遊輪旅遊或獎金；然而，想要使高昂的士氣歷久不衰，只有發自內心真正受到的鼓舞。

動力是一時的；激勵是永遠的。

當大家打從心底認同一項企劃案時，就會把它當成自己的目標。他們會拿出創業家的幹勁來完成目標，這種精神是用錢也買不到的，而且會竭盡所能地實現目標。這才是領導人都想要擁有的夢幻團隊。

那麼，如何激勵隊友一起邁向共同的目標，還能讓他們堅持數月或甚至數年而不衰呢？關鍵在於，把大家想要的結果變成共同目標，而不是只追求公司的目標，或是上級長官傳達下來的指標。有兩個方法可以做到這一點：延攬備受激勵的人才，或是激勵團隊。

延攬備受激勵的人才

關於錄用優秀人才的方法，已經多到不勝枚舉。我們會錄用的員工或團隊成員，通常是能勝任某個特定職務的技術領域，這也是我們要聘請員工的原因。但不知為何，他們總是會忘記帶上一個零件：他們發自內心的「原動力晶片」。而這個零件，正是認同目標以及不惜一切代價邁向終點的必需品。依我看來，若某份工作經由教導和學習就能勝任，在選擇團隊成員時，最好是看他們能否受到鼓舞，進而克服一切困難取得成功，而不是只看他們在技術上能不能勝任（當然，除非我們說的是外科手術、核子分裂、太空總署工程師等相關的專業工作）。

舉例來說，我看過許多世界一流的登山越野車手、獨木舟划船高手、跑步或鐵人三項高手，當他們發現自己脫離熟悉的範圍時，也會退出他們的越野賽團隊。因為他們覺得，當下的環境和情況已經超出他們所能控制的範圍；或者他們認為，當時承受的苦難太多，跟以往的經驗無法相比。當情況變得艱難時，他們就會放棄。

我也見過真正有潛力的競爭對手，他們只是中上程度的運動員，最後卻能登上冠軍寶座，就是因為他們可以和團隊一起克服一切挑戰。為了成功，他們願意付出一切，因為他們深信，邁向終點就是他們共同的目標。為了完成任務，不讓隊友失望，只要有必要，他們就會去學習、調適、逐步發展。若換成是我在尋找合作對象，我會選擇不論何時都能深受啟發的人才，而不只是能勝任工作而已。毫無疑問地，最好的情況就是，找到同時具備才幹和備受激勵的員工。

缺乏外在的動力因素時，優秀的領導者要設法找出能真正激勵隊員的原動力。他們在內心深處認為自己扮演什麼角色？平時會被什麼所吸引？善於交際，還是內向？有沒有兒女？會不會參加慈善活動？從事什麼運動？當他們談論自己希望從工作中獲得什麼時，最常提到金錢、得到肯定，還是個人成就？當他們談到自己時，是什麼話題會讓他們整個人都亮了起來？這些都是激勵他們的來源，而且瞭解這些也是好事。如果能將鼓舞隊友士氣的來源，與你們的成就和目標結合在一起，你就是黃金級的領導人。

我們經常會一再嘗試，用一套獎賞制度來激勵隊友；但是，激勵士氣並沒有一體適用的方法。想想看，你是如何激勵孩子的。我們知道用什麼方法激勵孩子，因為從他們出生以來，我們就一直看著他們長大，知道怎麼做可以幫助他們實現夢想。那麼，面對周遭的成年人時，為何不能用同樣的方式呢？如此一來，我們不但能與他們建立長久的關係，也能打造出世界級隊友，排除萬難，獲得成功。

以星巴克為例，剛開始以團隊打造者的身分從事演講工作時，我為星巴克進行了一連串演講活動。進行第一系列演講活動時，某一次演講完畢後，該公司一名副總裁來找我，問我是否曾在星巴克工作過，或是研究過他們的員工手冊，因為我在演講中提到的人與人之間的關係建立，以及激勵團隊的內容，都和他們公司的理念離奇地相似。

他繼續解釋，星巴克的成功之道，不是因為咖啡煮得有多好喝，而是因為他們為顧客「打造了獨特的非凡體驗」。根據星巴克的理念，每一間分店都必須有剛剛好的味道、燈光、溫度和整體設計。全體員工都要面帶微笑，開心地迎接顧客，還要知道顧客的名字和喜好的口味，讓他們覺得像一家人；換句話說，咖啡只是在星巴克店裡體驗的附帶品。就是這種獨特的體驗，讓我們想要一再光顧這家店，而我們的確也成了他們的老主顧。

星巴克副總裁解釋，星巴克瞭解咖啡的經營之道是可以學習的；但是，在延攬分店經理的過程中，對公司而言更重要的是，這些經理要能「深受啟發，才能進一步為大家打造獨特的體驗」。事實上，面試分店經理的求職者時，有好幾個問題都圍繞在打造體驗的相關話題上。例如，他們曾經在何時為自己的朋友、家人和同學打造有意義的體驗？是怎麼做的？為何這麼做？這些問題的重點在於，挖掘他們內心早已存在的動力來源，讓他們成為傑出的店長，以便每天服務上百位顧客。人的內心深處原本就存在著強烈的好客、照顧他人的慾望，不需透過員工手冊來教導。咖啡的經營之道可學，但是，錄用熱忱的員工，才能為顧客提供獨特的體驗，進而造就了星巴克的全球咖啡王朝。

激勵團隊

當大家加入我們的團隊時，若是沒帶上「原動力晶片」來支持團隊的共同目標，或是在邁向目標的途中似乎失去了認同感，我們仍有辦法再次點燃他們的鬥志。這就要回到本章開頭所引用的那段話：「人們在遭受逼迫時，難免會心生反抗。人們往往會支持自己協助創造的一切。」激勵團隊的目的是，重振所有隊員內心的創業家精神。而激勵的方法就是，讓他們意識到成果確實掌握在自己手裡；並提醒他們，在團隊成功中，每一個人都扮演著獨特的重要角色。那麼，這要怎麼做呢？

找出並滿足本質需求

在如何讓大家開工或動員起來這方面，優秀的領導者和隊友都具有敏銳的洞察力。他們知道隊友會受到什麼鼓舞，有什麼自傲之處，需要怎麼做才能受到激勵。不是每個人都會因為加薪而受到鼓舞，相較於權力或升遷機會，或是調任到特別適合他們才幹的職位，有些人反而是在得到肯定、獲得具體獎勵，以及來自主管的真心感謝時，更會受到鼓舞。如果能找出隊友的本質需求，那麼，當我們設法幫助他們滿足這些需求時，等於也找到了激發他們的關鍵。舉例來說，身為雅典娜計畫基金會的執行長，我研究過所有被我帶入基金會的人，然後根據他們的本質，為他們在基金會裡找到合適的位置，而不是針對特定的職務內容錄用他們。先是錄用這個「人」，再根據他們的天分、熱情和興趣來安排職務，他們的工作才能長久。善於交際、富有同情心的人，最後會被安排與我們的重生者一起合作，負責訓練他們，幫助他們達成目標。擁有企業家思維和天生擅長發言的人，就成了我們的公關和行銷宣傳專員。擅長處理工作流程的人，就擔任比賽和活動的策劃人。我也要確保，他們的「獎勵」是根據各自的特定需求和人生目標而個別設立。有些人是要現金獎勵，有些人是要免費與我們的重生者一起參加大峽谷行山之旅，有些人則是想要培訓班的優惠券和鐵人三項比賽的報名費。對於一家小公司而言，這很明顯簡單多了；不過，就算是規模較大的公司，你也可以自創特別的獎勵方案來肯定員工，讓他們感覺到你「看到」他們，而且重視他們的個人貢獻。當人們感覺到，自己在他們尊敬和喜愛的人心中是「特別的」，就沒有什麼能阻擋他們執行任務了。

採用民主領導風格

沒有什麼比徵詢一個人的意見和看法，更能激發出創業家的精神。運用民主式和包容式的領導風格，你可以讓一個把自己當觀眾的隊友，瞬間變得積極主動，而且對團隊有所助益。令人訝異的是，我們經常會犯的錯誤是，沒有站在隊友的立場徵詢他們的意見，或是取得他們的認同，就以上級的姿態將「原本就屬於他們的目標」下達給他們。

人們會支持他們自己幫忙創造的一切。

過去在製藥公司擔任業務員時，每年我都會接到上面傳達下來的年度目標任務；而且，我很確定那是我們這一區總目標的十分之

一，因為這一區有十名業務員。我會盡我所能完成這些目標，而且也確實做得不錯，但是一點也沒有受到激勵的感覺。現在回想起來，如果當初他們能問問我，我在這一區曾面臨什麼挑戰；或者，這一區中有哪家醫院採用了我推銷的藥品，他們會如何幫我拓展業務；或者，做為一個品牌，我們有什麼嚴重缺點；或是，我們的生意是在哪裡被搶走，為什麼會被搶走；或甚至是，以市佔率的潛力而言，我對這一區有什麼想法。如果他們詢問我的意見，一定能讓我為公司貢獻更多。對我來說，公司似乎是在告訴我，我在工作上的目標，跟我個人真的一點關係都沒有。激發？激勵？都沒有。

最優秀的隊友和領導者都知道，我們都想要覺得自己對組織、家庭和一段關係的成功有所貢獻；而激發這種創業家精神的最重要方法，就是傾聽，聆聽隊友的想法，徵求他們的意見。採納隊友的想法和意見，融入團隊目標，最能表現出對於隊友的尊敬與重視。人們的確會支持他們自己幫忙創造的一切。

重視獨特的才能

每個人都具備某些有價值的才能或學識，而且可貢獻這些能力給團隊，不論是人生經驗、教育、具體的知識、對市場的敏銳判斷，或是在待人處事上有神奇的能耐與方法。最優秀的團隊會為了共同的利益去發掘這些才能，不會因為階級、輩分、資歷或頭銜而受到限制。若是能培養出自己的公司文化，甚至讓團隊中的新人因為他們的實力而受到肯定與重視，可以有個平台和團隊分享他們的實力，就能擁有真正深受啟發的員工。

舉例來說，在我們這支全部由女性組成的消防隊中（是的，都是姊妹），達娜是我們的隊長，她為我們帶來友情的觀念和「以人為本」的思維方式。而且，她坦率直爽和當機立斷的個性眾所皆知，而她也是那種會永遠站在隊友這一方的領導者。在團體場合中，不管是關於「我們」或「他們」的事，她在用詞方面總是會用「我們」；而我們平時就會讓她知道，能有她當隊長和領導人，我們有多高興。隊友梅麗莎則帶來她那顆真誠的心，以及不可思議的技術能力。她身高 175 公分，體重 59 公斤，開起消防車來游刃有餘；當我們遇到麻煩時，她就是我們當中不可或缺的人物。她總是向我們保證一切都會沒事，讓我們放心，而且我們都會相信她。艾普兒則是我們的醫務員，掌管所有醫務相關事宜，她就是典型的開心果，可以讓我們捧腹大笑一整天。我在隊上是一般消防員和緊急醫療救護技術員，會因為帶來有趣的活動以及善於與病人互動而受到重視。

在類似軍隊組織的消防局工作，用階級分明的領導風格帶隊可能更容易，只要一個人下達命令和獨享功勞就好，隊上其他三人只要按照吩咐做好事情就好。然而，我們團隊打破了這個舊制度，不只是因為我們的性別，也因為我們是不折不扣的世界級團隊。經過多年的合作，我們之間已沒有階級之分，隊友們各有所長，也互相肯定並仰賴彼此的重要優勢。在一個能讓大家「看到」你的團隊中工作，是相當令人振奮的事；而且，這個團隊也能喜歡原本的你，以及你帶給團隊和社區的貢獻。感覺上，就像我們可以一起做任何事，而我每天也都迫不急待地上班幹活。

離開製藥公司、踏入消防工作之前，我曾擔任過幾年的體育代課教師。為了將「激勵」這門學問融入體育課中，我花了一些心思。剛開始上課，我就立刻發現，現在的孩子不像當年的我一樣喜歡跑步；不過，我也注意到，其他教練把跑步當成一種苦差事，不做就會受到懲罰。

「好了，同學們，現在該練習了。」教練們對著一群心不在焉的學生大吼：「大家開始跑 1,600 公尺，跑不動可以用走的，不然放學後要留校。快點動起來！」

這就是我在某一所初中、第一天擔任代課老師時看到的情形，也看得出大家對這樣的情況已經習以為常。有五到十個孩子開始跑步，另外有十到十五個孩子用走的，還一面互相推擠說笑，另有一群女孩子坐在看台上補妝、整理頭髮。搞什麼名堂啊？看來，打從我離開學校以來，現在的學校已經改變很多了。為什麼這些學生沒有想要表現優異的慾望？甚至不想好好上課，也一副蠻不在乎的樣子？我必須找出原因，看看到底只是這群學生情況特殊，還是新一代的孩子都這樣懶散。

於是，隔天我想到一個計畫。我沒強迫學生跑 1,600 公尺，反而要他們先在看台上集合，然後問他們，有誰認為自己有能力跑 1,600 公尺，全班大概有 70%舉手。然後我繼續問，有誰認為自己能在八分鐘內跑完。接著，我拿出一大包夾心棒棒糖和一包裝滿 25 分錢硬幣的袋子，並且告訴他們，如果有誰能在 12 分鐘內跑完或走完 1,600 公尺，就可以得到一支棒棒糖；有誰可以在八分鐘內跑完，就可以得到一支棒棒糖，外加一枚 25 分錢硬幣。哇！真沒想到，話才剛說完，整個看台立刻清空，孩子們爭先恐後地跑到起跑點（除了三個「自以為很酷」的女孩子，以及一、兩個受傷不能上場的孩子）。

當其他孩子到操場跑道上集合時，我走向那群「補妝和整理頭髮」的女孩子，問她們有沒有辦法勉勵一下參加跑步的同學，因為他們需要鼓勵。還沒等她們回答，我逕自走向跑道，只等後續發展能如我所願。當我一喊「開始」，一半學生立刻衝了出去，那股衝勁就像從大砲裡發射出去一樣。其他學生則不疾不徐地跟在後面跑著，只想在 12 分鐘內跑到終點。我站在那裡，驚喜萬分地看著這一切。原來，只要問問這些孩子，是不是認為自己做得到，然後拿出幾個銅板當獎勵，就可以這麼容易讓他們買帳，不用強迫他們。以前只有一半學生願意買帳，現在已經有九成學生願意買帳了。

當他們跑到第三圈快結束時，加油聲從看台上傳來，是那群補妝的女孩正在替跑在前頭的男孩子打氣。連她們也終於明白，「很酷的人」在操場上，不在看台上；而她們自己也深受鼓舞，想要參與其中。那天，大家都獲得了一支棒棒糖，我也發出了 12 枚硬幣。只要能讓孩子們學到，願意嘗試就能做到，花 12 枚 25 分硬幣的代價是很便宜的。自從那天以後，每天的體育課都有不同的玩法，例如讓女孩們先開跑一分鐘，然後看看有多少男孩可以趕上她們；在六分鐘內跑完 1,600 公尺的男孩，以及七分鐘內跑完 1,600 公尺的女孩，都會頒發獎品。此外，讓受傷不能加入的學生當啦啦隊，然後頒發「最佳啦啦隊獎」；每週結束時，頒發「最佳毅力獎」和「最佳精神獎」給那些雖然跑得不是最快、卻能在大太陽底下跑得最賣力的孩子。

不知不覺地，所有的孩子都樂在其中，而我也沒付出多少代價，除了滿足孩子希望獲得認可的本質需求、金錢和糖果，以及給予他們力量，讓他們自動自發地挺身面對挑戰。我沒有「強迫」他們跑步，而是「激勵、激發」他們去跑；或者，起碼可以這樣說，我鼓勵他們在自己的能力範圍內參與跑步。這一切都取決於他們，而他們也因為我無條件相信他們，向我證明我的做法是正確的。我在那所學校代課的幾個星期裡，這些孩子學到了自己可以有多棒，也學到了鍛鍊身體可以是很酷的運動。我真心希望他們能因此深受鼓舞，繼續利用他們剛剛發現的、自己原本就擁有的工具，進一步探索所有相信的事物；只要相信自己，一切都有可能。就像你看到的，這不會花多少腦筋，只需要一點巧思和獎勵。

如果能讓一個人為自己的目標做主，徵詢他們的做法，然後在他們選擇、評價並認同自己獨特的才幹和力量時，也給予同等的支持，幫助他們滿足自己的本質需求，這輩子你都會擁有深受鼓舞的隊友。

我們經常對自己的孩子做這些激勵的事，對吧？那麼，為什麼幾乎不願使用類似的方法激勵我們的家人、同事或隊友呢？身為領導者的我們是因為害羞，還是認為，以我們的身分，那真的不是我們該做的事？請記住，每個人內心都還住著一個小孩，一個想要獲得認可、希望自己在崇拜者心目中非常特別的小孩。只要一點點的正面意見反應，就會驚喜地發現它的影響有多深遠。有時候，只要付出一支棒棒糖和一枚銅板，就可以激發出最輝煌的成果。

****

身為領導人，只要能將延攬備受激勵的人才、以及激勵團隊這兩件事融會貫通，就會看到奇蹟發生。婆羅洲一個名叫達瓦．穆唐（Dawat Mutang）的村民和法國運動際隊，就是這麼一個看似不可能卻完美達成的例子。只要把握機會，方法對了，你也能做到。

在 1994 年的高盧越野賽中，主辦方將我們帶到婆羅洲最偏僻的地方。我們花了三天的時間才抵達起跑點，那是座落在荒山叢林中的小村莊，只有六間茅屋和一小間校舍。比賽正式開始前，我們就留宿在那所學校裡。前往這座村莊的感覺，就像重新放映一次電影《一路順瘋》（*Planes, Trains and Automobiles*）。記得當時終於抵達這座村莊、在這些小茅屋周圍散步時，我們心裡還在想，這些村民還真是遠離塵囂。他們不需要汽車，也沒有其他形式的交通工具。如果想找個對象結婚，必須走到另一個村莊。真是一個完全與世隔絕的地方，這裡的村民所知道的，也不過就是這座村莊和鄰近周圍地區。

比賽第一天，所有選手一大早都在起跑點集合時，法國隊一名隊員在走向起跑線時扭傷了腳踝。就這樣喀擦一聲，腳踝就扭傷了。這場比賽中，每一支隊伍必須有四名隊員從頭到尾參賽，否則整個團隊會被取消資格。於是，法國隊必須做個決定：是要三個人參賽，接受取消資格的結果，就當是來參加一次冒險之旅？還是想辦法保住參賽資格，至少在比賽開始時，湊齊一組四個人的團隊。最後，他們決定最好試試看，寧可試過一次後失敗，也好過從來都不嘗試。

於是他們立刻去敲那些小茅屋的門，想找個村民代替他們受傷的隊友，其中開門的就是達瓦。達瓦是個 35 歲的農夫，有三個孩子，完全不會說法語，而法國隊也不會說英語。於是法國隊就站在達瓦的門廊上，一面試著跟他解釋什麼是越野賽，一面測量他的身材，看他能不能套進他們團隊的運動服。跟一群從未謀面的陌生人一起參加越野賽，對達瓦而言，應該是很瘋狂的想法，而且這些冒險活動也是他從未做過的。達瓦很快地跟妻子討論了一下，然後聳了聳肩，一面走向起跑點，一面微笑地對著攝影機說：「我不知道會發生什麼事，但我有信心可以跟一個團隊合作。」

就這樣，達瓦成了這場國際越野賽的風雲人物。法國隊幫他穿上運動服，把受傷隊友的裝備全部交給他，然後開始比賽。如果達瓦從來沒划過獨木舟，沒進過洞穴，沒用過登山繩攀岩或滑降，甚至沒騎過單車，那該怎麼辦（你能相信嗎？）—要完成這場比賽，這些都必須會做。

從技術層面來看，達瓦是越野賽中最弱的一個，但最後大家發現，他具備了贏家該有的態度與精神。法國隊不但做到了「延攬備受激勵的人才」，也在達瓦能力最強的時候、或因為他熟知當地情況而讓他帶領全隊時，做到了「激發團隊」。達瓦知道如何應付一路上會遇到的各種麻煩和地形，以及如何在山野叢林中開路，帶領團隊走過一個又一個村莊。法國隊不只是抓達瓦來湊人數，而是從一開始就讓他當開路先鋒。四天比賽下來，他們跟著生性敦厚的達瓦翻山越嶺、跋山涉水、開山闢道，歷盡千辛萬苦穿越婆羅洲，而達瓦也是一路邊走邊學。達瓦在一大段下坡路騎單車時，因為還不太會用手煞車而摔了出去。雖然這是第一次騎單車，但是達瓦不會拿這個當藉口；在摔車後的一次訪談中，達瓦笑著說：「喔，對啊，我剛剛摔車了，但那是我不對，因為他們已經告訴我怎麼用煞車了。我應該要用後煞車，卻用了前煞車，所以就摔出去了。」

這就是個人對目標的認同感。

出乎意料地，法國隊得了第二名，只落後冠軍四小時。比賽結束時，隊友們興高采烈地將達瓦高舉在肩上，達瓦也欣喜若狂地用瓶裝水跟大家乾杯，並且把水灑在大家的頭上以示慶祝。整隊都樂瘋了，大家都在為達瓦歡呼，不只是因為他和團隊一起得了亞軍，也因為他願意挺身而出，暫時離開自己熟悉的日常生活，嘗試踏入一個完全陌生又新鮮的世界—而這個團隊也成功超越了他們最瘋狂的夢想。

「我學到了好多事，實在令人難以相信。」後來達瓦笑嘻嘻地告訴一名電視台記者：「回到家後，若是告訴村子裡的人，他們一定不會相信。這一切實在太妙了……我永遠不會忘記這次比賽。」

達瓦教了我們一件事：我們不一定要知道，怎麼做才能成為優秀的隊友，但是要有學習的意願，要滿懷熱忱地支持團隊任務的最終目標。在許多情況下，你可以邊做邊學；或是像我經常說的，可以奮不顧身地跳下懸崖，一面往下墜落的同時，一面學習飛翔。不一定要成為全場最聰明的人，才願意上戰場。成為一名成功隊友的意思是，要相信並支持你的團隊，以及大家的共同目標，而且要懷抱著一種認同感：不管遇到什麼障礙，我都可以和這些夥伴一起對付。達瓦答應法國隊時，等於認同了這場比賽。他非常關心這場比

賽，其關心程度不亞於資深隊友，所以才能一起完成這場不可思議的比賽。也許，法國隊能找到比達瓦更有經驗的運動員，但也有可能找不到比他更好、更備受激勵的隊友了。而且最後也證明了，那就是他們成功的關鍵。

目標認同
企業個案研究

在目標認同方面，西南航空是最佳的公司案例之一。1971年，西南航空在德州創辦時只有三架飛機，從成立第一天開始，西南航空的決策就很特別：他們致力於為客戶「和」員工提供獨特非凡的體驗。根據西南航空的網站，該公司的宗旨不只是承諾尊重每一位顧客……

> 我們的宗旨是本著熱情、親切、個人榮耀和公司的精神，致力於提供最高品質的顧客服務。
>
> ……對員工亦然：
>
> 我們承諾爲員工提供一個穩定的工作環境，以及學習和個人成長的平等機會。爲促進西南航空的效率，我們鼓勵員工勇於創新和改革。最重要的是，公司會以關懷、尊重和體貼的態度對待員工，員工也會以同樣的態度對待每一位顧客。

西南航空執行長凱利（Gary Kelly）顯然力求延攬備受激勵的人才，以及激勵他所延攬的團隊。他說：「西南航空是以人為本的公司，不只是提供飛航服務。我們會延攬能熱情

服務他人的優秀人才，也會讓他們自由自在地做自己和服務顧客。我們對待員工就像對待家人。」[1]

西南航空提供的員工福利多到不及備載：分紅制度；員工及其家屬可享受免費機票；主題遊樂園優惠券；汽車租用和旅館折扣券；401K 退休帳戶的等額提撥福利；股票購買優惠；每月只需付 15 美元保費的醫療保險計畫；包羅萬象的在職訓練；內部升遷政策。公司還會不定期舉辦許多有趣的派對，但這些也只佔西南航空員工福利的一小部分。儘管西南航空提供了優渥的待遇，以及輕鬆愉快的工作環境，員工們仍然可以都把工作處理好。而且，公司每年還因優良的顧客服務、班機準點率和簡單輕鬆的報到流程，獲得不少獎項。噢，對了，我有沒有提到西南航空連續 38 年一直有盈餘？

顯而易見地，把公司放手交給員工，讓員工自己做主，的確能生意興隆。

[1] Alan C. Greenberg, Memos from the Chairman (New York: Workman, 1996).

同心協力入門練習：目標認同

這道習題可以幫助團隊成員發掘動力來源，瞭解他們希望如何被看待，以及鼓舞他們的關鍵是什麼：

這是個簡單的習題，大家不但會喜歡回答這類問題，而且還能真正展現出公司多麼在乎員工，把他們當人看，而不只是雇員。所以，現在就來問問吧！我要強調，回答這些問題的關鍵，在於誠實作答（答題者心裡不要想著什麼是「正確答案」）。現在就讓你的團隊成員回答下列問題吧：

1. 如果賺錢不是你的目的，你的工作／使命是什麼？
2. 什麼原因能激發你全力以赴，達成你的目標？
3. 在你的工作中，你最喜歡哪個部分？
4. 在每天的工作職責中，你希望能多做些什麼？或是少做些什麼？
5. 退休時，你希望大家談到你的哪一方面時深受啓發？
6. 你希望自己能以什麼聞名於世？希望大家記住你什麼？

身為領導人，只要能掌握這些資訊，更深刻瞭解如何鼓舞和激發隊友，以及他們如何看待自己和自己的貢獻，就能讓自己立於完美不敗境地，讓所有隊友「買帳」。在每天的工作和生活中，如果你能給予隊友更多激勵的來源，認可那些被他們視為最重要的貢獻，就能擁有一群非常專心一致、充滿活力的團隊成員。

7
放下自尊

光靠蠻力，有勇無謀，是永遠無法滅火的。

—鳳凰城消防局長布納奇尼

好了，各位朋友，現在要來討論這項最簡單、卻也是最令人害怕的要素了！大部分人寧可拋棄他們的信用卡，也不願放下自尊，我可以完全理解。你可能會認為，你今天之所以能走到這裡，可以表現得出色亮眼，讓身邊的人都認為你聰明、能幹、有才華，都是因為你有個完美無缺、健全的自尊。若是沒有完美無缺的自尊，人生當中會有一半的事情是你不可能有勇氣去做的，對吧？那麼，為什麼我們要討論放下自尊這件事呢？

討論這個話題之前，先來看看「自信」和「自尊」這兩者的差別，因為我認為大家很常搞混這兩者。自信和自尊就像一對雙胞胎，不過，自信是長得比較好看、比較聰明的那一個。自信是建立在人生經驗和戰無不勝所養成的堅強性格上；反之，自尊是建立在不安和恐懼的軟弱性格上。全世界最優秀的隊友在執行任務時，總是充滿自信，同時也瞭解自尊是他們最沉重的包袱。現在是卸下這個包袱的時候了。

在起跑點就該放下自尊

有時候，鞭策團隊邁向終點線的最好辦法，就是把你的自尊拋在起跑線。在 2006 年美國猶他州舉辦的原始挑戰賽當中，主辦方在第一階段賽程中配給每支隊伍一匹馬，並且附帶禁止讓馬匹負載超過 110 公斤的規定。他們真是好人，因為比賽一開始就是一段 105 公里的險峻山路，接下來又是一段穿越荒漠的 55 公里行山路程。所以，在這種情況下，能有一匹馬真的是件好事。當主辦方將馬匹交給我們時，其他團隊開始把他們的背包放在馬背上，準備讓他們的馬馱著行李走接下來這段 105 公里路。

現在大家都知道了，在比賽頭一、兩天，我的團隊都會陷入天塌地陷般的混亂境地，而我通常是那個趕不上整個團隊進度的人。這也只是因為，女人的體力通常無法和頂尖的男性運動員相比，男女血液中的攜氧能力和無氧閾值確實各不相同；特別是，如果他們跟我一樣，就像我和姊妹們所說的，都「不服輸」。不過，比賽到達第三天或第四天時，我就會漸入佳境，甚至隨著比賽時間拉長而變得更強。很明顯地，我更像是會在最後關頭時、發揮關鍵作用的那一個。

在這場比賽中，隊友們真的很努力，一開始就想領先其他隊伍。我這次加入的隊伍，是一群來自紐西蘭的多項運動菁英所組成，由我擔任隊長。我和所有隊員一樣，都對這次比賽的冠軍勢在必得。我們都知道，在這段 160 公里的賽程中，我不可能跟得上他們的腳步，好讓我們領先其他隊伍。我會盡我所能，這是當然的；但是，這樣我在第一階段結束時就會累癱了。

於是，隊友們想到一個解決辦法。我們不用這匹馬背負所有背包，而是讓馬馱著「我」和兩袋背包就好。進行第一階段 105 公里

山路的路程時，就讓我騎馬，節省我的體力，以應付下一段艱苦的55 公里荒漠之行，以及之後的行程。

我覺得非常羞愧，因為其他隊伍的頂尖女隊員都親自在跑。但是，仔細思考一、兩分鐘後，我知道他們是對的。讓我先騎馬一段路，是讓我們所有人獲勝的最好機會。

於是我放下我的自尊，把我的女超人披肩丟在起跑點，騎上了那匹馬，這一生從沒這麼尷尬過。我就這樣騎著馬快步踏上這條山林小徑，就像拍西部老片一樣，前五支頂尖隊伍的所有隊員一包括其他隊伍的所有女隊員一都跟在我和「老潘特」（Old Paint，譯注：西部電影《老潘特》中一匹馬的名字）旁邊一路跑著。

****

「上面的風景如何啊？約翰．韋恩？」某個競爭對手一面跑著經過我身旁時，一面微笑著開了句玩笑。

「好玩嗎？席巴女王？」第一次停下來喝水時，賽會一名工作人員問道。

啊！我必須完全放下我的自尊，否則早就找個地洞鑽進去了。我一直告訴自己，比賽到最後，只有我和我的團隊才笑得出來。我有信心我們做的決定是對的，而這一刻所受的恥辱，最後一定都能討回。而且，最後真的如我們所願了。當我們的馬匹被收回後，後面還有很長一段沙漠路程要走，而我仍然精力充沛，更有餘力照顧隊友，一路上幫他們補充食物和水分，為接下來六天不眠不休的賽程奠定了成功的基礎。反觀其他隊伍，大多在第一階段結束後，就已經像一群戰後的殘兵敗將。在這場包括高山越野單車、行山、划舟、攀岩和滑降運動的 900 多公里賽程中，我不但堅持住體力，跟得上團隊的進度，還能在比賽快結束的幾小時裡為團隊分擔更多重擔。而且，在比賽接近尾聲的緊要關頭，我們正在和加拿大隊爭奪季軍，此時正是急需更多力量的時候。就在抵達終點線時，我們險勝了加拿大隊。嚴格說來，這六天下來，我們一直和他們不相上下；如果一開始那段 105 公里賽程讓我親自來跑，這個故事就會有一個完全不同的結局。

我和隊友們只想保護自己的資源，因此深思遠慮地看待獲勝這件事，才讓我在第一階段騎馬，而不是親自來跑。比賽開始前，其他團隊也討論過讓其中一名隊友騎馬的辦法，但沒有人願意放下自尊做這件事。我會同意這麼做，是因為這樣能讓我們省下更多體力，以便在最後關頭贏得比賽。我深信，把自尊丟在起跑點上，是我們登上勝利寶座的原因。在我看來，勝利的寶座才是永恆的，也是治療我那一時受傷的自尊心的完美繃帶。

儘管開口要求幫忙

擁有健全自尊的我們，通常很難接受其他人幫忙，因為我們會把它視為一種示弱的表現；然而，接受隊友的幫忙，是打造團隊不可或缺的重要一環。所以，從現在起，我希望你對接受幫忙這件事要有不同的想法，希望你能把接受幫忙當成送給幫助者的禮物。當

你接受其他人的幫忙時，也能讓對方感覺受到尊重；這會讓他們覺得自己是重要的，覺得自己被喜歡。為了幫助對方而接受幫忙，如果讓你很難理解，就試著把接受幫忙當成送給幫助者的禮物。舉例來說，想想看，當你看到某人雙手都抱著購物袋，或因為兩手都架著枴杖而不能開門，而你能上前幫他們開門，此時內心的感覺會有多棒！這會讓你感到心情更開闊了，不是嗎？你會覺得自己很棒，會覺得自己跟對方有了連結，會覺得你們之間產生了正面的感應與密切的關係。

當這些機會降臨你的團隊時，千萬不要錯過。當對方問你需不需要幫忙時，已經冒著被拒絕的風險了，那就接受它吧！不論是否真的需要幫忙，每一次被問到時，都要接受幫忙。找個理由答應，把「接受幫忙」這個禮物送給對方。這是個很棒的團隊打造工具，卻一直沒有被充分利用。

反之亦然。對幫助者來說，幫忙他人也是一種贈禮。幫忙別人的人會覺得自己是被需要的，也會因此變得更堅強。而且，當他們有機會成為幫助別人的英雄時，就更能以積極的態度面對他們的人生。

在 2004 年南美洲的巴塔哥尼亞探險賽中，我很意外、也很開心地發現了這個觀念所帶來的力量。來自紐西蘭的新隊友克里斯．莫里西，第一次與頂尖團隊一起參賽，也因為他擅長的是短距離賽程，所以當比賽到了第四天時，他已經開始感到吃力了。於是我決定使出一招心理戰術，看看能不能幫他找回比賽的熱情。管他呢，反正這時我也感到吃力了，所以值得一試。在行山階段時，我問他能不能用他的拖繩拉著我走，因為我的腳起了水泡，行進的速度變慢，我需要幫忙。就在我要求他用拖繩拉我一把的那一刻，我看到克里斯有了驚人的變化。突然間，他從一個飽受擔憂、煎熬和痛苦的人，變成真正鬥志昂揚的人。他立刻在我眼前變成世界級的選手，而這一切只是因為我要求他拉我一把。這很像是羅伯特在厄瓜多對我做的事情，當時我在攀登一座火山，他把手放在我肩膀上並且告訴我，整個團隊就靠我了，因為他們需要我的幫忙。

我猜，人類天生就有樂於挺身而出幫助他人的基因。既然這是一個放諸四海皆準的真理，我很疑惑，為何我們這麼常拒絕接受別人幫助；或者明明需要幫助，卻不願開口要求別人幫忙。當你拒絕接受幫助時，就等於失去一個與他人建立關係的機會。當你幫助他人時，你會喜歡對方，對方也會喜歡你，你們就能感受團結一致的力量。不要讓你的自尊阻礙你們建立這種關係，放下自尊，尋求幫助，接受幫助，把幫助當成贈禮。讓你的隊友有機會挺身而出（即使你不一定真的需要），然後看著他們發光發熱，如此才能激發並鼓舞所有參與其中的人。

團隊成功比個人榮譽更重要

2001 年，我受邀與「地球連線隊」一起參加紐西蘭大自然挑戰賽。那是由一群優秀隊員組成的隊伍，對於團隊成功比個人榮譽更重要這個道理，他們頗為瞭解。其中一位隊員名叫羅曼·代爾（Roman Dial），來自阿拉斯加，參加野外生存活動是他的生活重心。他曾

在賽程長達十天、包含多項運動的「阿拉斯加荒山野地經典賽」中拿過十次冠軍，同時也是科學家和大學教授。比賽剛開始時，羅曼告訴我們，參加這場比賽前，他沒有進行太多賽前訓練；事實上，他承認自己「尚未準備好就跳進來了」。不過，羅曼是好勝的競爭對手，也是個世界級隊友，他願意為了團隊利益放下自尊。我們的隊長傑森·米道頓（Jason Middleton）也是如此，他是頂尖的鐵人三項運動員，也是非常優秀的越野賽選手，但是在比賽中全速衝刺、領先其他隊伍這方面，對他來說還是陌生的。在如何奪得大型國際越野賽冠軍這方面，我和另一位隊友伊薩克已經學到一些豐富的經驗。因此，我們在比賽一開始就一直加快腳步，希望我們團隊能維持在領先其他隊伍的範圍內。

在第一個重要的登山階段時，我和伊薩克已經開始將羅曼和傑森拋在後頭。突然間，我發現自己終於有機會幫助隊上的夥伴了！沒錯！不過，雖然我自認為此刻有足夠力量幫忙隊友扛一些裝備，但仍然有點猶豫要不要主動幫忙，因為你不知道人家會有什麼反應。眼看著其他頂尖的隊伍紛紛消失在山頭，我終於把心一橫，鼓起勇氣走向傑森問他，我能不能幫他扛一些較重的裝備。幸好老天保佑，他說：「太好了！當然可以！」我感到非常興奮與開心，終於可以幫上忙了，而不只是一味接受別人的幫助。我們停下腳步，很快地拿出他背包裡一些較重的裝備，放到我的背包裡。於是，我們就這樣患難與共地邁向山頂，再次攀上頂峰傲視群雄。

接下來的賽程中，羅曼在另一段陡峭的山坡上再次遇到困難。我在他後方試著鼓勵他，為他加油打氣，同時心裡在想，如果伸出手幫他往上推一把會怎樣。在以往的比賽中，每當我一落後，隊友們都會推我一把（當然是輕輕地），幫我往上推，這的確對我大有幫助。於是我深深吸了一口氣，把手伸到羅曼的背包下方，往上推了他一把。原本以為他的反應會是：「嘿！別推我！」結果他說的是：「棒極了！謝謝你，小蘿。」太棒了，這就是我想聽到的，幫助別人的感覺比被人幫助開心多了。在一整天爬山攻頂的過程中，我和羅曼建立了一種很酷的關係，這種關係對於團隊和心靈都有益處。因為建立了團結一致的關係，所以跟得上走在前方的隊友，我們為此感到非常開心和興奮。

現在回想起來，傑森和羅曼接受我的幫助時，讓我又驚又喜。更令人驚喜的是，整個過程被隨行的「探索頻道」電視製作團隊拍攝下來了。就是因為傑森和羅曼如此重視團隊的成功，更甚於他們個人的榮譽，所以願意讓全世界看到他們接受一個女生的幫助。

在比賽結束後的一次訪談中，羅曼說：「我個人沒有什麼自豪之處，我的團隊才是我引以為傲的，你懂嗎？所以，我會讓她幫我。」說到這裡，他微笑著繼續說：「你們看到她了嗎？她的手臂比我的還壯，真是個強壯的女人。」

英雄氣概成就的是個人；謙卑爲懷成就每一個人。

你怎麼可能會不愛這傢伙？奇怪嗎？見怪不怪吧！他是優秀的隊友嗎？絕對是。

那次比賽，我們得到了第四名。雖然沒能得到實質的冠軍，但

我敬佩我的隊友，因為他們願意為了團隊利益，接受我的幫助。而且，能在比賽中對團隊有所貢獻，不但讓我的感覺非常棒，也讓我多了一次此生最愉快的體驗。難怪我跟其他團隊一起參賽時，那些隊友也總是想要幫我。能夠幫別人減輕痛苦，是全世界最棒的感覺；而且，在幫助他人的同時，還能更快抵達終點線。

退到隊伍後方領導

領導者通常會認為，必須跑到隊伍前方帶領團隊，這樣才有效率。

「嘿！各位，看這裡。」我們通常會這麼說：「跟我這樣做！注意看我怎麼做，領導者要以身作則才會成功！」

但是，現在我知道了，最優秀的領導者，是退到整個隊伍的後方帶領大家。領導者帶領他的團隊，就像牧羊一樣，自己會退到羊群後方，不但要確保一切進行順利，也確保每一個人都具備了成功所需的工具。優秀的領導者會確保隊友平時都能自我激勵，並且讓他們有一鳴驚人的機會，不會讓自己變成只走在前方、不讓其他人迎頭趕上的領導人。

每天忙碌之餘，你可以思考一下退到隊伍後方來帶領大家，而不是一直站在前方。如果站在隊伍前面，你是看不到大家的，對吧？但是，站在他們後面，不論是從哪一方面來看，你都能看到每一個人，並且帶領他們邁向成功。

絕不居功

在西藏和尼泊爾邊界的一場高盧越野賽中，我的隊友凱斯以不尋常的方式，讓我看到了不居功的力量與美德。你還記得凱斯嗎？就是說過「人們不會用你的成就來評斷你的人生，而是用你的做事態度來評斷」這段話的那位。他不但能在大家山窮水盡的時候，適時說出鼓舞人心的一段話，也是全隊最強的支柱。

所以，比賽一開始，凱斯自願幫我扛背包時，就一點也不令人感到意外。我們在海拔 4,300 公尺處展開比賽，他的血液含氧量是全隊最高的。在當時的越野賽生涯中，幾乎每次從比賽一開始，我就不會拒絕其他人的幫忙，因為比賽剛開始時反而是我最感吃力的時候。於是，凱斯接過了我的背包，壓在他的背包上。提醒你一下，他不是只從我的背包中取出幾件較重的裝備，而是將我整個重達 14 公斤的背包，放在他 20 公斤重的背包上，就這樣扛著它們攀越喜馬拉雅山，走了三天三夜的賽程。凱斯扛的那兩個背包的高度加起來，從他的屁股下方一直延伸超過頭頂。他不只是在氧氣稀薄、人類難以承受的殘酷環境下，扛著重到離譜的背包，展現出超人的耐力；而且，他身上還掛著所有人的水壺，看起來就像一隻八爪章魚。他會搶先衝到下一座湖或下一條河，幫我們裝滿水，所以我們從來不用為了取水而停下腳步。

不過，最神奇的是：比賽經過三天，我們正要進入轉換區時，遠遠就看到一群電視媒體扛著攝影機在那裡，等著拍攝我們進入轉換區的情況。凱斯遠遠地看到攝影機，立刻就把我的背包放到地上，

然後繼續往前走，好讓跟在他後面的我拿回背包，使我可以保有尊嚴地進入轉換區。一切盡在不言中，他甚至不用回頭看我一眼，而我對他的感激之心也不言而喻。

大多數選手一進入轉換區，都會希望攝影機拍到自己充滿男子氣概的威猛模樣，但凱斯不會這樣。他不需要，也不想要這樣。他扛著我的背包走了三天三夜，對他而言，攬下這個功勞並不重要。那麼，對他來說，重要的是什麼？是團隊。是那個讓大家看起來都很堅強的部分，是那個讓我感覺到自己很棒的部分，還有讓其他隊伍聽不到關於我們軟弱無能、或是有害群之馬的閒言碎語。凱斯不需要讓其他人知道他是超級明星，只要隊友知道就好，這才是他真正在意的。我就是愛他不居功這一點，這是我永遠都不會忘記的。

放下自尊
企業個案研究

在南加大商學院和史丹佛大學於2009年進行的一項研究中[1]，研究員做了許多項實驗，要找出自我保護會對團體造成哪些影響。不出所料，這些影響都是具有殺傷力的。研究員發現，當領導人試圖推卻自己的過失、或試圖保護自己的形象時，這些領導人，乃至於他們的組織、員工與社會，都會受挫。

「看到其他人只顧自己的尊嚴時，我們就會變得戰戰兢兢。」這項研究報告的主筆法斯特（Nathanael J. Fast）教授說：「然後，我們會為了保護自己的形象，將自己的過錯歸咎他人。當你這麼做時，當下可能會覺得自己沒什麼錯……【但】指責他人只會製造出恐懼文化，並且為個人和團體引發許多負面後果。」[2]

---

1 Nathanael J. Fast and Larissa Z. Tiedens, “Blame Contagion: The Automatic Transmission of Self-Serving Attributions,” *Journal of Experimental Social Psychology* 46 (2010): 97–106.

2 Karen Lowe, “People Like to Play the Blame Game,” *USC News*, November 24, 2009, http://uscnews.usc.edu/business/people_like_to_play_the_blame_game.html (accessed June 4, 2011).

換句話說，法斯特和他的研究搭檔發現，領導人試圖保護自我時，這種行為就會像傳染病一樣擴散。一項實驗結果顯示，當人們看到有人錯怪他人時，就更可能模仿這種保全自己顏面的行為。

為了培養正面的企業文化和健全的人際關係，研究員建議管理者放下自尊，謙虛地公開承認錯誤，並且打造一個真正能勉勵員工從自己的錯誤中學習的環境。研究員也建議，若有必要討論下屬的過失，對話內容也應只限於管理者與下屬之間，而且要完全保密。

同心協力入門練習：放下自尊

以下這道習題，是要讓你的團隊懂得感謝其他人的成果（同時不能打擊他們的自信）：

- 進行一項長期計畫時，或是動力暫時消失時，可以召集你的團隊，舉辦一個小型的「金星」午餐會／慶祝會，讓他們「互相」獎勵（能讓同一團隊的同事互贈獎勵，而不是由上級主管獎勵，會是一件好事）。針對員工的貢獻、態度、團隊合作等等，只要大家認為哪個同事的努力成果很優秀，就獎勵一座象徵性的「金星獎」。金星獎的獎品內容可以多樣化，像是獎金、餐廳禮券等。餐會的流程應該是隨性的，讓員工輪流到台上發表一段關於另一位同事的功績，然後頒獎給那位同事；接著換下一位發表，直到大家都輪完為止。這是一種打造正面職場的好方法，可以讓員工知道，「把功勞讓給他人」的感覺有多好，讓他們大方地感謝身邊的人所做的貢獻。這也能幫助員工瞭解，如果不要總是試圖「搶」功勞，其他人會更主動把功勞「讓」給他們。同樣重要的是，這也有點像是「同業互評」，從某些觀點來看，非常有影響力。奇怪的是，我們大都不好意思表揚其他人的優秀表現，彷彿這是丟臉的事情；或者，如果承認其他人對公司的成就有所助益，好像就會讓我們顯得「不如別人」。但是，當你準備好將功勞讓予他人，也就是這道習題的重點，而且讓大家都做到這一點時，你和你的團隊將會喜出望外地發現，原來這樣做可以產生這麼多好的能量和意志力。

以下這道習題是要讓你明白，為了共享成功的果實，把自尊丟在起跑點的力量，以及運用所有團隊資源的價值，都比個人榮譽還重要：

- 將團隊所有成員集合在一個房間，交代他們以下任務：「憑著記憶，將 26 個英文字母倒過來唸，可以先用兩分鐘練習。」大多數人會立刻視為一項個人挑戰，希望自己一個人就能做到，好讓大家刮目相看。於是，最有可能看到的情況是，大家會拚命地用默寫方式練習，或是躲到安靜的角落，把耳朵摀起來開始默背。只有思考跳脫框架、懂得為了團隊成就而放下自尊、並拋開個人榮耀的人，會很快地數一數房間裡有多少人，並且把所有字母平均分配給房間裡所有人，讓每個人負責背誦一小部分字母，如此才能在限時內完成這個幾乎不可能達成的任務。這個辦法非常棒，能夠讓大家看到，成功達成目標可以是一件有意義的事，特別是當大家都可以一起分擔工作量的時候。

8
動力領導

一家公司就像一艘船，船上每個人都應當做好掌舵的準備。

—維奇斯（Morris Weeks）

我們都知道，每一個優秀的團隊，都要有一位了不起的領導人。但是，全世界最能連續不斷創造高績效的團隊，都會有了不起的「領導們」（不只一位）；而領導人這個角色的任務，就是發揮動力。領導的角色，要根據個人力量、團隊所需，以及當下團隊運作的情況而隨時替換。如果大家都能做好出面掌舵的準備，這個團隊就會更強大；特別是團隊中每一位成員，若是都具備著以「需求為本」來領導的情緒智商，更是如此。

領導輪替

帶領團隊從平凡走向不平凡，其中一個重要的部分，就是要瞭解並接受「管理」和「領導」的不同之處。彼得·杜拉克曾說過：「管理的工作是把事情做對；領導的工作則是做對的事。」

管理人（manager）和領導人（leader）是兩個截然不同的角色，雖然我們常交替使用這兩個詞。以我的經驗來看，這兩者的不同之處在於：在團隊成員共同的成就中，管理人扮演的是協調者的角色。管理人要確保團隊成員擁有每一件所需的東西，讓他們提高生產力與成就；要確保他們受到良好訓練、快樂工作，盡可能為大家減少通往成功之路的絆腳石；要確保他們準備好進行下一階段的任務；

要確保他們優越的表現能受到肯定，並且將挑戰視為一種鍛鍊。反之，領導人可以是團隊中的任何人，他要具備獨特的才能，還要有創意的想法和獨到的見解，思維不落窠臼；在某方面的工作或計畫要有經驗，能為管理人和整個團隊帶來用處。領導人是以實力來帶領團隊，而不是頭銜。

最優秀的管理人，允許團隊不斷地更換不同的領導人，也允許領導人為了讓大家更上一層樓而勉勵隊員（也會自我勉勵）。舉例來說，我們團隊中的伊恩擅長划舟，而且划得比別人都好。尼爾最擅長在險峻山野中找到正確的行路方向，約翰則是我們隊上最足智多謀的隊友，伊恩是最了不起、最所向無敵的越野車手。我則擅長管理團隊，照料大家的飲食，接洽贊助商和賽會主辦方。因此，即使我們只有一名正式隊長（或管理人），但是當比賽開始的槍聲響起時，大家都會因各有所長而在某些時候成為整個團隊的領導。只要是當下精神最好的、最堅強的，或是能想出最好辦法的隊友，都能出面帶領團隊。

當你在應付接踵而來的挑戰和變化時，你對目前的情況一無所知，不知道接下來會發生什麼事，沒有人可以預料到所有的答案，也沒有人可以只靠著名片上的頭銜和鐵腕手段來管理團隊，平時一般正常的管理工作無法靠這套方式有效運作。有時候，你的計畫就是會遇到一長串的挑戰和機會，這些挑戰會以迅雷不及掩耳的速度迎面撲來，你需要全心全意、拿出所有的專業技能，才能通過這些考驗。

在節奏快速的越野賽世界中，階級分明的軍事領導風格永遠行不通，這就是主要原因；或者這麼說吧，這在現實生活中也行不通。

（現實生活的確是一場漫長的大型越野賽，但願吧！）我們並不如自己所想的那樣聰明，我完全相信管理大師彼得斯（Tom Peters）觀察出的結論：最優秀的領導人不會打造出一群跟班，他們會打造出更多領導人。當我們共享領導權時，從長遠來看，我們肯定都能變得更聰明、更機智、更能勝任，特別是當這場長期抗戰充滿著未知數和無法預料的挑戰時。

改變領導作風

最優秀的隊員不只會依據各自實力不斷地更換領導人，他們也知道，領導作風可以、也應該因時勢不同並視團隊所需而改變。有時候，是某位隊員需要一個溫暖的擁抱；有時候，是團隊裡需要富有遠見的人、全新的訓練風格，需要有人出來帶路；或者甚至在某些時候，需要來一記當頭棒喝。為此，優秀的領導人在選擇領導風格時，就像打高爾夫球在選擇球杆一樣，需要評估當前的情勢分析，以及工作上的最終目標和最佳工具。

關於動力領導的主題研究中，我最喜歡的是心理學家高曼（Daniel Goleman）於 2000 年在《哈佛商業評論》中發表的〈高績效領導力〉（Leadership That Gets Results）。這項研究不但意義重大，而且影響深遠。高曼和他的研究團隊花了三年時間，針對三千多名中階主管進行一項深入研究。研究的目標是為了發掘特定的領導行為，並且探究這些行為對企業氛圍造成了哪些影響。更有趣的是，每一種領導風格都會影響到公司的底線收益。信不信由你，其中一項研究結果發現，一名主管的領導風格就能影響公司 30%的底線收益！這個數字高到令人無法忽視。想想看，在採用新的程序、效率和刪減成本的辦法上，一家公司要花費多少金錢和精力，就是為了增加哪怕只有 1%的底線收益。相較之下，只要激勵管理人，讓他們的領導風格變得更有動力，這種做法簡單多了。就是這麼簡單，完全不用傷腦筋。

以下六種不同的領導風格，是高曼研究三千多名管理人所歸納出的，並且略加分析了每一種領導風格對企業氛圍的影響：

- **表率型領導人**：這一型領導人會要求團隊精益求精，並以自我為典範和導向。若要用一句話來概括這類型領導人，就是「立刻跟我這樣做」。當團隊已經顯得積極上進、而且對工作已駕輕就熟，而領導人需要在短時間內取得成果時，這一型領導風格才能行得通；然而，這類型領導風格若是遭到濫用，整個團隊就會全軍覆沒，創造力也會受到限制。

- **權威型領導人**：這一型領導人，會鞭策團隊邁向同一個願景，並且將重點放在最終目標；至於完成目標的方法，就會讓大家各自決定。若要用一句話來概括這類型領導人，那就是「跟著我走」。當情況有所改變、團隊需要全新的願景時，或是當大家不需要清楚明確的引導時，權威型領導才能發揮作用。權威型領導人可以為了團隊任務，激發隊員的創業家精神和積極的熱情；不過，當領導人帶領的團隊是一群比他懂得更多的專家時，這種風格就起

不了作用了。

- **親和型領導人**：這一型領導人會在隊員之間製造緊密的情感關係，讓他們對組織產生歸屬感和依戀感。若要用一句話來概括這類型領導人，那就是「以人為本」。當團隊面臨壓力，隊友因心靈受到打擊而需要療傷，或是當團隊需要重建信任感時，親和型領導就可以發揮最佳作用。但團隊裡不能只有這種領導風格，若是光靠這種領導方式，會造成隊員表現平庸，缺乏方向。

- **指導型領導人**：這一型領導人，會從長遠的角度來培養人才。若要用一句話來概括這類型領導人，那就是「試試看這樣做吧」。當領導人希望幫助隊友培養永續的個人實力時，讓他們整體更有成就，指導型領導風格就能發揮最佳功效。不過，當隊友不服、不願改變或學習時，或是領導人本身缺乏專業時，這種風格便無法發揮功用。
- **高壓型領導人**：這一型領導人會要求團隊立即服從。若是要用一句話來概括這類型領導人，那就是「我怎麼說，你就怎麼做」。只有在團隊陷入危機時，例如公司正面臨轉變，或可能被別人接管，或處於真正的緊急狀況時，像是發生龍捲風或火災，這類型領導風格才會發揮最大功效。還有一種情況是，當所有事情都搞砸時，這種風格也有助於控制問題隊員。不過，除了上述情況之外，都應避免採用這種風格，因為這不僅會讓人際關係疏遠，還會扼殺創造力和變通能力。

- **民主型領導人**：這一型領導人，會藉由全體參與而讓團隊建立共識。若要用一句話概括這類型領導人，那就是「你是怎麼想的呢」。當領導人希望團隊能對某項決策、計畫或目標買帳或產生認同感時，或是領導人對某些事情不確定、需要聽一聽有才能的隊友是否有不同想法時，這種風格就能發揮最大效用。但是，處於緊急狀態時，也就是有其他因素導致時間成為成敗關鍵時，或是隊友沒有獲得足夠資訊，以便向領導人提供有效諮詢時，這種領導風格就不是最佳選擇。

現在提出一個難以回答的問題：根據高曼的研究，你認為哪一種領導風格是用來打造正面企業氛圍、大幅提高底線收益的最有效方法？在團隊打造演講活動上，我提出這個問題時，大多數人的答案是表率型。這個答案似乎也反映出我們多數人的想法，認為那是最有效的領導方式，也就是站到隊伍前面帶路，讓他們看看應該怎麼做；然而，以高曼的研究看來，運用表率型領導方式時，應小心謹慎、再三斟酌。表率型領導風格可以瓦解團隊的同心協力與高昂士氣，因為這種領導人不允許團隊中的個人表現搶眼，也不讓其他隊員站在聚光燈下，成為眾人的焦點。每當有任務成功時，表率型領導人會攬下所有功勞，搶著當英雄；可是，只要有任務失敗時，這類型領導人就會責怪團隊成員欠缺動力。領導人若老是扮演表率型角色，員工就會常感覺到被貶低，覺得雞毛蒜皮的小事都會被干涉，而且不受重視。還記得「突擊男孩」嗎？那個在斐濟大自然挑戰賽的隊長，從頭到尾就是一個表率型領導人。他要當隊上最強的

那一位，要當知道最多的那一位，而且還要用他所知道的一切來控制整個團隊。他永遠不知道感謝，當其他人貢獻出優秀的想法或表現時，也不會歸功於其他人。比賽開始 36 小時內，他就毀了自己的團隊。我相信，我們在生活中某些時候都遇過「突擊男孩」這類型領導人。

讓我們來看看另一面觀點：高曼認為，大多數情況下，身為領導人的我們，最能有效運用哪一類型領導風格？答案是權威型。當領導人富有遠見、可以激勵大家努力追求終極目標時，而且最重要的是，這類型領導人為了達到目標而要求大家幫忙付出時，員工也都能感受到這股動力。這類型領導人具備了創業家精神，必定會為自己的結果負責。對高績效團隊來說，這就是最好的情況。

舉一個運用權威型領導風格獲得成功的優秀例子。我們團隊在西藏參加高盧越野賽時，當時我們的地勤人員，沒能即時把越野單車送到最後一個轉換區。我的隊友羅伯特、約翰和凱斯，為我們團隊打造了一個全新的願景，把這次困境視為一種挑戰，而不是絆腳石。他們問大夥兒能不能騎著當地租來的單車，不放過任何一點可能獲勝的機會，並且藉此告訴全世界，體育界最優秀的團隊是如何對抗逆境的，我們的心靈層次也因此提高了。短短幾分鐘內，我們就有三位強大的領導人站了出來，讓整個團隊百分之百心服口服（因為他們是如此處變不驚地邀請我們站出來，對付當下困境），一個更崇高的使命感讓我們排除萬難，邁向終點線。在當下那一刻，選擇正確的領導作風至關重要，而我們隊友的選擇也正好切中要害。不知不覺中，他們已自然而然地選擇了權威型、民主型與親和型領導風格，幫我們度過難關，最後也帶來不可思議的體驗，讓我們成為精神上的「贏家」。如果當時我們的表現是被動的，或者，如果我們的領導人搶在前頭邀功，想在那天當英雄，整個團隊一定不會服氣。

我們那位頂尖的消防隊長，就是擅長運用情境型領導風格。消防員每個月輪班一次，就要連續工作十天，一天 24 小時都聚在一起，就像一家人。隊上的管理人（也就是隊長）必須身兼數職，還要視當下情況，不著痕跡地變換身分。大部分時候，隊長會運用親和型或民主型的領導風格；而這時候的隊長最令我們欽佩與崇敬，這兩種領導風格對「一般事務」的運作非常有效。我們一起烹飪，一起分擔清潔和保養消防站的工作，一起吃飯，一起工作，一起受訓。下午時，我們通常會進行一些器材或醫療訓練，這時隊長就會轉換成指導型領導人。當警鈴響起時，我們全副武裝，開著消防車趕往火災或交通事故現場，此時就是運用表率型領導風格的時候。隊長會在現場建立一個指揮中心，擬定作戰計畫，然後傳達給陸續趕到現場的消防隊。然後，同樣重要的是，當周圍的形勢越來越危急、並且有性命之憂時，高壓型領導是此時最有效的工具。為了安全起見，以及拯救病患的性命，消防人員通常會接獲明確有力且條理清楚的命令，而我們也不做他想，全面服從。最基本的關鍵是什麼？如果能取兩杯權威型領導，以及各一杯民主型、指導型與親和型領導，加上少許表率型和高壓型領導，然後「嚐一嚐」，你就能在需要時以提升並激勵團隊的方式帶領大家。就是這份優質的食譜，可以讓你在人生的每一個團隊中，成功打造出長遠的領導力。

動力領導
企業個案研究

有一家公司成功運用了動力領導，創造卓越的成就，那就是迪士尼公司。迪士尼兩兄弟華德和洛伊，於 1920 年代在美國的堪薩斯市成立一間小型動畫工作室，最終發展成全球性指標公司。這不只因為華德是享譽盛名的藝術天才，也是因為洛伊的理財能力，而這一點卻經常被世人忽略。當華特和公司其他動畫師忙著在工作室裡創造米老鼠、白雪公主、灰姑娘和睡美人時，洛伊也忙著處理乏味單調、卻不可或缺的財務工作，讓他們的公司可以持續經營下去。

對洛伊來說，要說服銀行承擔風險，為他和弟弟剛成立不久的工作室貸一筆資金，真的不容易；特別是在當時那個經濟大蕭條和世界大戰的年代，而且，當時也沒有多少人真正瞭解卡通動畫到底是什麼。跟銀行打交道時，洛伊和華特展現了他們拍檔型的領導風格：一板一眼的生意人洛伊，會先跟銀行建立起基本的關係，說服貸款專員相信，他和迪士尼公司都秉持著正派守法的經營作風，值得信賴。然後，熱情又富有遠見的華特會適時切入，打開他的投影機，開始介紹他的神奇創作，於是交易就這樣談成了。

華特和洛伊成功的關鍵在於，只要涉及對方的專業領域，他們都會聽從彼此的意見；少了彼此雙方，他們都無法創辦這家公司。華特曾經對記者說：「我和洛伊一定有守護神在身邊。我們就像喜劇拍檔路易（Jerry Lewis）和馬丁（Dean Martin），永遠都不會分開。洛伊和我都不知道，到底是我的守護神還是他的守護神在保佑我們。」[1] 來聽聽謙虛的洛伊怎麼說，而這段說法也展現了動力領導的力量：「我的弟弟讓我成了百萬富翁。我願意幫他做任何事，你還會覺得奇怪嗎？」[2]

---

1 Bob Thomas, Walt Disney: *An American Original* (New York: Hyperion, 1994), 281.

2 Ibid., 284.

同心協力入門練習：動力領導

以下這些練習題，可以讓你運用團隊中每一位成員的獨特力量和才能，打造你們的團隊。

■ 讓團隊每一位成員回答下列問題：

1. 我擁有什麼才能或獨特經驗，可以為團隊加分（不論與工作有關或無關）？
2. 有什麼例子可以說明我的經驗能為團隊帶來利益？
3. 我有一些很成功的業務經驗，可以歸功於……

看過他們的答案並進行分析後，在每一位成員提出的各項才能／實力中，選出至少一項，並且成立一個「指導教練區」，讓大家每個月輪流透過電話或視訊會議互相指導。當月輪值的「指導教練」，可以準備 10 到 15 分鐘的報告，與團隊其他成員分享他們的技能，藉此互惠互利。舉例來說，像是「如何進行一萬公尺跑步的訓練」，立定一個團隊目標，讓大家一起在同一天完成一萬公尺跑步或競走（隊員可以在各自不同的城市進行）；或是，「我要如何贏得職涯中最大的標案」，或「一招有用的銷售祕訣—來自業界前採購員的經驗分享」。這可以賦予每一位成員力量，讓他們把自己當成領導人一樣為團隊出力，並且對成果更具有責任感。此外，這也打造了一個優秀的指導環境，進一步促進人際關係與團隊的同心協力。

■ 以下這道習題，是針對領導能力的優缺點進行評估，並且提供意見反饋（可以在同一團隊的同事之間進行，或是在公司員工之間進行360度全方位分析）：

集合所有領導人，花十分鐘時間讓領導團隊的每一位成員腦力激盪，想想在他們人生當中，曾遇到哪些最棒的領導人／教練，而這些領導人有什麼特定的行為和影響力，最後整理出「五大領導行為／技能」名單。

接下來，在白板上寫下每一位成員提供的「五大領導行為／技能」，刪掉重複的項目，然後讓團隊（藉由投票）選出哪些行為可以列入一般「十大領導行為／技能」，藉此建立共識。

讓團隊每一位成員製作一份自己的評價表，將「十大領導行為／技能」依序寫在紙上最左邊欄位，然後在這張紙的最上方那一行，由左至右寫下在場每一位領導人（除了你自己）的名字。然後，把評價表傳給在場所有人，讓大家根據左欄列出的領導行為，以1到10分進行互評，看看你認為接受評價的成員，在這十項行為中各做到了幾分。

範例：

	麥克	蘇珊	瑞妮	史考特	平均分數
行為 1					
行為 2					
行為 3					

為了達到 360 度全方位的評價，或者，如果你希望每一位成員互評時可以匿名，就讓團隊中每一位員工／同事以號碼代替，然後依序評分。範例：

範例：

	#1	#2	#3	#4	平均分數
行為 1					
行為 2					
行為 3					

進行這一類同業互評和360度全方面意見反饋，難免令人感到害怕；不過，如果這些反饋都是以同樣正面的精神提出和接受，你就會驚訝地發現，自己可以這麼快就變成更好的領導人。既然你的員工會「希望」你成為優秀的領導人，他們自然也會想要積極地回應你。要不要發掘他們的需求，並且確保自己能滿足這些需求，一切都取決於你。

■ 以下這道習題，能勉勵你的領導人進行情勢分析：

複印一份高曼在《哈佛商業評論》中發表的〈高績效領導力〉（或至少整理出一份導讀版），讓你的領導團隊在一張空白紙上方，寫下每一種類型的領導風格。然後，在下方畫出兩欄表格，一欄註明「何時運用」，另一欄註明「何時避免」。讓他們各自腦力激盪一下，想想哪一種情況下該運用或避免哪一種領導風格。每一位成員填寫完之後，進行一場公開討論，談談在什麼時候、什麼情況下，適合在你們的特定業務或企業中運用每一種領導風格（舉例來說，你們公司最近剛併購了競爭力較小的同業，你要如何整合兩邊的銷售人力；或例如，選定一項最佳領導風格，在一項期限緊迫的企劃案最後兩週內運用）。

如果你的團隊準備了一些「個案研究」，是現實世界中關於領導能力挑戰的；而且，大家的討論也涉及，如何策略性地選擇並運用其中一項領導風格，以解決這些挑戰，那麼討論時就可從另一層面切入。其目的在於讓你的領導團隊瞭解，運用正確的工具執行手邊的工作不但重要，而且成效卓著，並不只是靠「你自己的風格」。

終點線

哇！各位朋友，終於到了。我們即將抵達終點線了，一起來到本書的最後一章。回想這段瘋狂的日子裡，不論是在搭飛機往返演講會場的途中，或是深夜在消防局待命時，我都在寫這本書；然而，好在有你們，親愛的讀者，一路陪伴著我。雖然嚴格說來我是一個人在孤軍奮戰地寫書，但我仍會一直想到你們，並且希望你們能跟著我的團隊，一起盡情享受這趟旅程。奇怪的是，雖然我一再說過，我迫不急待要寫完這本書，但眼看現在要結束了，卻又不想離開你們；或者說，我不希望這場冒險之旅就此結束。所以，既然不想匆忙趕著跨越終點線，就讓我再告訴你一個故事吧！接下來，你就可以繼續你的團隊打造生涯，也可以隨時透過我的網站寄電郵給我，告訴我你有多幸福快樂、有多成功，這會讓我高興一整天。

接下來我要說的「東風隊」故事，是我的最愛。之所以決定將這個故事留到最後來說，是因為這個團隊完全做到了本書的主旨，即團結一致、同心協力八大要素中的每一項，而且做得既漂亮又優雅。那是我見過最了不起的團隊合作經驗之一。在 1997 年的澳洲大自然挑戰賽中，我的團隊經歷了一段恐怖的歷程；而且，當時我們只領先東風隊一名，拿到了第 22 名。比賽當時，落後我們的東風隊，可能發生了一些值得大家關注的事。我們之所以知道，是因為當時我們正在黑夜中拖著沉重的步伐，走下巴陶弗萊勒山（Mount Bartle Frere）。在一處山路轉彎時，突然間，整個世界都亮了，就像身在時代廣場般，一堆攝影機和聚光燈驟然出現在我們面前。那時我非常興奮，心想媒體還是關注我們的，即使我們已經遠遠落後其他隊伍。當我腦海中已經開始準備待會兒接受訪問時要說些什麼時，製作人突然大喊：「關掉！全部關掉！不要浪費電池，不是他們。」世界再度回到黑暗，這時我才如大夢初醒般徹底面對現實。後來，直到探索頻道播放大自然挑戰賽的紀錄片時，我們才知道當時落後我們的東風隊發生了什麼事。

當時比賽已進入第七天，由四人組成的日本東風隊一直遠遠落後所有隊伍。那天，他們正想辦法為隊上唯一的女隊員葉山菜穗子治療傷勢。她的腳踝浮腫，疼痛難耐。當東風隊抵達巴陶弗萊勒山坡上的轉換區時，她已經一瘸一拐地忍痛走了好幾個小時。

在轉換區的醫護站中，大會醫師為菜穗子診斷後，告訴他們不幸的消息：菜穗子的傷，可能是所有腳踝損傷中最嚴重、最疼痛的一種，也就是阿基里斯腱撕裂傷。東風隊聽到這消息時的震驚模樣，都被周圍的電視媒體拍了下來。

「她的腳不能再使力了，而你們還想讓她征服這座昆士蘭州最高峰。」醫生告訴菜穗子的隊員：「這座山高達 1,600 多公尺……坦白告訴你們，我不認為她辦得到。」

東風隊知道，就算菜穗子沒有受傷，他們也無法贏得比賽，因為此刻已經有隊伍跨過終點線了，冠軍已經誕生。儘管如此，東風隊所有隊員就是要一股勁兒全力以赴，完成這場比賽，因為這是他們一開始就下定決心要做到的。為了參加這場比賽，他們做了許多訓練和準備，也已經走到了這一關，犧牲了這麼多。東風隊隊員一起討論了一會兒後，決定無論如何都要完成這場比賽——為了彼此，為了家人；最重要的是，為了日本。之前沒有任何一支日本隊伍完成重大的國際越野賽。對東風隊來說，這場比賽已經變成為日本的國家

榮耀而戰；而此刻，是向全世界展現日本真正競爭精神的時候了。

「醫生說，如果一定要繼續，我們必須背著她走。」一名隊員表示：「菜穗子問我們能不能做到，我們就把它當成一場挑戰。於是我告訴她，是的，如果有必要，我們可以背她。」

第一要素：全力以赴

即使比賽的興致已經消退，東風隊仍然展現出全力以赴的精神，不只是為了完成比賽這項終極目標，也為了隊友彼此，以及他們的國家。為了這場比賽，他們早已做好準備，也已經擬好計畫。他們要為了更崇高的目的（展現「日本真正的競爭精神」）完成目標。最重要的是，他們都已下定決心，堅持到底。

他們很快地從沾滿泥濘的背包中，抓了一些點心填填肚子，補充體力。然後全體集合，為眼前這項令人望而生畏的任務互相打氣。這項任務就是：在昆士蘭州最高的巴陶弗萊勒山上，進行 13 小時的行山賽程。此行不但路途險峻，而且從山腳到山頂，全都覆蓋著濃密的雨林。一路上，菜穗子盡量靠自己行走，但速度非常慢。在陡峭的山上行走，對東風隊而言，簡直是生不如死的煎熬。菜穗子會先用沒受傷的左腳踏一步，再將那隻完全動彈不得的右腳往前拖；然後試著再走一步，再一次拖著右腳往前。一路上跌跌撞撞，還要忍受疼痛的腳傷；而她的隊友在一旁安慰她、鼓勵她，一點都沒放棄她。在寒夜中，他們就這樣一步步緩慢地走過這段漫長的山路。

懷著滿腔的愛國情操和團隊精神，東風隊不願連試都不試就放棄，所以最終能成功穿越這座高山叢林。

第二要素：將心比心

東風隊對自己的女隊友展現了十足的同理心。他們不將女隊員視為不得不帶在身邊的指定裝備，而是將她視為重要的隊員。他們可以設身處地為菜穗子著想，也能理解她有多麼徬徨無助、多麼難受。也正因為如此，菜穗子知道整個團隊會與她同在，不會放棄她。

隔天早上天剛亮，媒體記者就搭著直昇機在巴陶弗萊勒山的上空搜尋。當媒體發現東風隊的蹤跡時，他們距離山頂只剩下大約 1.6 公里，記者們簡直不敢相信自己的眼睛。東風隊背著菜穗子，腳步踉蹌、步履維艱，卻仍堅持不懈、耐心沉著地爬完最後一段布滿荊棘的泥濘山路，抵達了山頂。這幾個小時孤獨的夜路，他們就是這樣靜靜地、一路掙扎著走過來。在黎明來臨時，他們就要變成國際英雄了。這是我在運動界見過最不可思議的體能表現：三位瘦小卻強壯的男隊員輪流背著一名成年女子（這個嘛，日本版的成年女子，他們會慶幸不是像我這樣的），攀越一座山路崎嶇、地勢陡峭的叢林。

「他們輪流背著她走了六小時。」記者搭著直昇機在空中看著這一幕時說：「她偶爾會下來拄著手杖走一段路，遇到較險峻的山路再讓他們背。」

第三要素：逆境管理

東風隊對付困境的方式，是將它視為挑戰，而不是阻礙。所有人都要下定決心，用盡一切方法獲得成功，不只是不要輸而已。所謂的成功，就是一起跨越終點線。他們接受挫折，把挫折視為一種展現決心和勇氣的機會，而且幾乎不會讓追求完美阻礙他們的進度。

攀爬這段山路時，東風隊一路上都設法樂在其中，讓這段艱難的旅程更輕鬆些。於是，一位隊員想到了另一種背菜穗子的技巧；而隊友們也樂於考慮，最後採用了他的建議。

「隊友鈴木的登山經驗豐富，他就建議我們，利用綁包袱的方式，把背包翻轉過來當成布包，這樣可以幫我們把菜穗子綁在背上。」一名隊員解釋：「練習了一下之後，我們就發現每個人都必須用盡全力去背她。於是，我們每一個人都發揮了最大的能耐，而這場比賽就成了另一種截然不同的競爭，像是：『讓大家看看真正的日本競爭精神吧！』」

山爬得越高，地勢越是險峻。背著菜穗子的隊員，有好幾次都被路上的木塊、石頭或藤蔓絆倒，這時其他隊友會一擁而上扶起他們，看看他們有沒有受傷，為他們加油打氣，協助他們繼續走下去。

第四要素：相互尊重

東風隊隊員之間的相互尊重是有目共睹的，他們總是互相握手、稱讚對方，分享他們這輩子都不會忘記的「正面的鋁罐」。他們無私地分享訣竅，時時刻刻扮演著團隊的角色（不管當下的心情如何），無條件相信彼此。每位隊友都因此受到鼓舞，能夠勇於面對迎面而來的挑戰。

「我們日本有句俗話『九死一生』，意思是歷經多次生死關頭的險境，仍然能存活下來。所以，我認為這只是一項考驗，教導我們，就算是希望渺茫，也不要放棄。」東風隊一名隊員說：「我想，這就是大自然挑戰賽的真正精神。不論在這場比賽中遇到什麼困難，都要勇於接受和面對。這不是我們團隊的精神，而是大自然挑戰賽的精神。」

那天上午時分，東風隊抵達了這場比賽的第 26 個關卡，也就是巴陶弗萊勒山頂。他們終於完成了他們臨時設定的目標，也就是讓所有隊員登上頂峰；不過，此時距離比賽終點還有一大段距離。從這裡到最後一項划艇階段的起點，這當中的路程會有一段一公里長的下坡路段。這段下坡路地勢險峻，就算是這場比賽中最厲害的隊伍，也花了五個多小時才走完。接下來還有一段 21 公里的行山路程，途中會經過一處潮濕多霧的甘蔗田，溫度超過攝氏 38 度。關卡的大會人員警告東風隊隊長，下山之路極其陡峭，地勢崎嶇，路面濕滑。他們詢問東風隊需不需要醫療協助，還想不想繼續。

「要繼續。」東風隊異口同聲地回答：「是的……我們要繼續！」

抵達山頂時，東風隊為自己小小慶祝了一下，然後就慢慢地踏上通往山下的小徑。他們知道，自己即將再次與寒冷的黑夜奮戰，而這一切也是其他隊伍經歷過的。不一會兒，他們消失在山頂，沒入了那片叢林。整個下午，他們就背著菜穗子，小心翼翼、緩慢地往山下行進，在路面濕滑的濃密雨林中，一路跌跌撞撞地摸索著前進，勇敢地邁向目的地。一路上，他們一次又一次地被大石頭和樹枝絆倒，不只一次因滑倒而撞到樹上，甚至因泥沙坍落而滾下山坡，就跟幾天前其他 22 組隊伍經歷的一樣，好幾次從土石流中死裡逃生。在別無選擇的情況下，他們也只能把命懸在腰上，拖著菜穗子一路閃避著一根根的樹幹，滑下那段陡峭的下坡路。

第五要素：同舟共濟

你可以看得出來，東風隊是一支同舟共濟的隊伍，因為他們就像螞蟻一樣團結一心。每一位隊員輪流背著菜穗子時，其他隊員便幫忙照料所有人的飲食，為大家加油打氣。他們盡一切努力完成目標，彼此之間沒有比較、競爭，也沒有批評。如果他們成功了，就是整個團隊的成功；如果他們失敗，也是整個團隊的失敗。他們要讓所有人一起跨越終點線，就是這樣。

當東風隊終於在半夜抵達平地時，所有隊員已是筋疲力盡，但是都非常亢奮。他們排除萬難，一起爬完了昆士蘭州最高峰。於是，他們決定犒賞自己一下，先小睡三個小時，隔天一早再挑戰划艇階段。電視媒體隔天一大早找到東風隊時，他們正慢慢地穿越甘蔗田，彼此正在互相鼓勵。

「兄弟，你昨天表現得很好。」一名隊員拍拍另一人的背說：「做得好，朋友。」

兩人一面握手一面笑著。

「來吧！咱們走吧！」一名隊員親切地轉頭，朝著一拐一拐地跟在他們後面幾步的菜穗子喊道：「我們要團結在一起。」

菜穗子聽到後，一面微笑、一面加快腳步跟上他們。

第六要素：目標認同

東風隊每一位隊員都下定決心，要展現真正的日本精神，這就是每一位隊員的核心價值。而他們也運用了民主式領導風格，傾聽並採納彼此的想法，一路上都彼此互相勉勵。

東風隊一路風塵僕僕，來到最後一項划艇階段的起點，布拉姆斯頓海岸（Bramston Beach）。雖然他們已經筋疲力竭，卻仍意志堅定，要繼續輪流背菜穗子。不論是誰背著菜穗子，其他人一定跟在一旁，幫他們扶好背包，分擔一些重量。一路上，他們四人的隊形都保持不變，就像藍天使艦隊般團結一致、同心協力。就算他們已經累到雙腳不聽使喚，卻仍然同心一意為國家榮譽而奮鬥。想像一下，他們的動力和幹勁有多少。想必他們已經知道，這趟漫長的旅程已經被電視媒體拍下，會在全世界各地播放；而他們代表的不只是自己的團隊，也是國家的榮譽。

隊長田中雅人一度因睡眠不夠，背不了菜穗子。但是，他沒有要求團隊停下來讓他多睡一下，反而是趕在隊伍前面先跑了三公里，讓自己有多出 15 分鐘的時間躺下稍微補眠，然後才有力氣再背菜穗子。

第七要素：放下自尊

東風隊所有隊員不停地把功勞讓給對方，接受彼此的幫助。我覺得有意思的是，他們沒有任何一名男隊員出面搶當唯一的英雄，似乎沒有一位隊員想要、或需要獲得這種認可。至於菜穗子這方，她肯定一開始就要放下自尊，才能讓其他隊友背她。對她來說，相較於個人榮耀，以及她自己出現在鏡頭前的形象，團隊的共同目標更加重要。她送給了隊友一項終極禮物：讓他們成為她的英雄。

令人哭笑不得的是，他們步步維艱地穿越叢林時，原本還期待著下山後的平地道路比較平緩好走，但現在看來並沒有輕鬆多少。甘蔗田令人窒息的高溫，再加上堅硬的柏油路面，讓他們的雙腳吃不消。他們四人全都四肢無力、步履蹣跚。由於腳上起了又大又腫的水泡，使他們每踏一步就疼痛萬分，但他們仍不願停下腳步。走了一哩又一哩，東風隊要一起走向划舟的地點，用無聲的行動向全世界證明勇氣的意義；而他們所做的一切，已經遠遠超越人類的探險極限。

當大海終於出現在他們眼前時，他們也驚訝地發現，一大群當地居民因為聽說了他們的故事，已經來到海邊等候他們，要給他們英雄式的歡迎。壓抑著這兩天累積下來的各種情緒，東風隊將菜穗子扛在肩上，一群人興高采烈地簇擁著他們，陪著他們走完最後一段路，抵達位於布拉姆斯頓海岸的正式關卡。他們輕輕地將菜穗子放在沙灘上，就在她的皮艇旁，終於成功了。

「東風隊的表現，就是大自然挑戰賽的縮影。」大會主辦人員伯內特說：「大多數人甚至無法爬完整座巴陶弗萊勒山。而且，他們還背著一名女隊員，真是非常了不起。」

第八要素：動力領導

整場比賽中，東風隊運用了高曼提出的所有六項領導風格。像是互相指點，培養出更深厚的友誼。在如何解決賽程中最艱難部分，或是接手處理危及性命的緊急情況，他們也都能建立共識。不論是團隊的領導風格和角色輪替，他們都能應付自如，游刃有餘。

東風隊讓我們看到了，竭盡所能通過考驗是一件美妙的事；也讓我們看到了，人與人之間同心協力的藝術與力量，以及團隊合作可以如此意義深遠、令人驚嘆，可以做到無法獨自一人完成的事。我最喜歡的一幕是，當他們即將進入最後一個轉換區時，他們將菜穗子扛在肩上。這裡表現出的並不是：「看看我們多厲害，可以背著菜穗子走到這裡！」而是藉由無私的行動告訴我們：「看看菜穗

子多麼不可思議，讓我們背著她！」對我來說，東風隊這場漫長又精彩刺激的旅程，讓我學到了最棒的一課：我們不用站在隊友的背上摘星星，而是將隊友扛在我們肩上，讓他們去摘星星。而且，激勵隊友的方式，並不是讓他們知道，「我們」的表現有多麼厲害；而是要把他們放在我們的肩膀上，讓大家看到「他們」有多棒。

東風隊不是第一組抵達終點線的團隊，那麼，他們是贏家嗎？當然是。他們是世界級的團隊嗎？絕對是。所有世界級的隊友都瞭解，做為一名優秀的團隊打造者，重點不在於第一個跨越終點線，或是達成宏偉、驚險、大膽的目標。所謂的團隊打造者，就是你自己；還有，最重要的是，你一直堅持不懈在做的事。你總是願意與你的團隊分享你的優缺點嗎？你可不可以一直將重心放在與家人、朋友、同事和客戶一起創造團結一心的精神，設法找出雙贏的辦法？

如果我只能挑一個重點讓你打包帶走，希望讓你在闔上這本書時，可以打從心底認同並銘記於心，那就是：每天早上醒來，下定決心讓自己看到的是，這個世界充滿了隊友，而不是充滿了競爭對手。這股信念可以讓你產生正面思想，而這個正面思想可以為你引導出正面的態度與行為，進而吸引其他志同道合、坦率、出色的人，進入你的生活。而這些人，就是你打造出來的團隊成員，他們最終能將你推向任何高峰，或是陪你度過任何低潮時刻，或更進一步是你人生的顛峰。

為了長遠的成功和圓滿的人生，我認為，只有真心成為一名團隊打造者，才是人類可以擁有的最重要技能。就像任何其他技能，你必須持之以恆地實踐和練習。如果你的內心世界總是專注於「我們和他們」，就要設法改成「我們和我們」。不論什麼時候都一樣，都要看你如何抉擇。藉由成為大家的明燈來吸引他們，讓他們知道他們自己有多棒；成為那種其他人會仿效、想接近的人，成為讓某人擁有快樂一天的來源。這樣，你才能擁有真正的隊友——不論是一瞬間的隊友，或是為了一項企畫案，還是終身的隊友。

身為團隊打造者，在職涯或人生中，真正的考驗不一定是在勝利的時刻，而是遇到挫折的時候。當你在邁向終點途中跌了一跤時，身邊有沒有一群志同道合的隊友搶上前來攙扶你，把你背在他們背上，扛著你跋山涉水？而且，最重要的是，你會讓他們幫你嗎？

在這場瘋狂的美麗人生結束時，我們可能會獨自離開人間；但我相信，我們要一起實實在在地生活著，共同完成最崇高的目標。

所以，我們要抵達終點了，各位朋友。但現在我認為，這個終點其實是個起點，讓你們成為團隊打造者，展開長達一輩子的冒險人生。就在我們即將闔上這本書，讓你去做一名世界級的團隊打造者，並展開你的冒險人生之前，我還要和你分享最後幾句話，這也是我和我的團隊在每一個起跑點上會互相勉勵的話：「注意安全，永遠的朋友，放膽去吧！」非常感謝你在人生中撥出這幾個小時與我共度。能讓我當你的隊友，參與你人生旅程中的一小部分，讓我感到很榮幸，也有點受寵若驚。

現在倒數計時……5……4……3……2……1……出發！

附錄一
極限團隊合作工具箱

一個世界級隊友總是能：

- 做好最壞的打算，但是要懷抱最大的希望。
- 協助團隊打造更宏偉的企圖心。
- 排除萬難，堅持不懈，特別是當興致消失時。
- 關鍵時刻來臨前，與對方建立好關係。
- 指點他人，而不是批評。
- 努力成為別人想要一起合作、或是為自己工作的人。
- 把逆境視為挑戰，而不是阻礙。
- 讓成功的希望來引導，不會被失敗的恐懼所牽制。
- 把逆境當成學習和超越的機會。
- 永遠不要讓追求完美阻礙進度。
- 不吝惜地為團隊帶來大量「正面的鋁罐」。
- 禁止在團隊中說長道短。
- 無私地指導他人。
- 永遠扮好優秀隊友的角色，不論當下感覺如何。
- 無條件相信隊友。

・把尊重他人當成贈禮。
・不斷地設法帶領隊友跨越終點線。
・為團隊的成功和失敗負起全責。
・接受、感謝並欣賞隊友，不跟隊友互相比較、競爭，也不批評隊友。
・隨時隨地尋找合作拍檔，與大家同心協力。
・把自尊拋在起跑點上。
・要求並接受別人幫忙，對幫助者而言，這是個贈禮。
・在團隊中，英雄主義只能振奮我們其中一人，謙讓卻可以鼓舞所有人。
・把功勞讓給別人。
・把團隊的成功看得比個人榮譽更重要。
・延攬備受激勵的人才。
・讓隊友領導團隊，徵詢他們的意見，藉此激發他們。
・瞭解何時該管理，何時該領導。
・讓各有所長的隊友出面帶領團隊。
・根據不同的工作性質，運用正確的領導風格。

附錄二
把想法化為實際行動

在本書中，我已經為團隊合作的八項要素提供了一些練習題。現在輪到你來制訂一項行動計畫，把你在書中學到的想法付諸行動。寫下腦海中的目標和願景，好好計畫一番，然後就付諸實行吧！請你在接下來的空白頁上寫下：

- 三項個人目標。
- 三項工作目標。
- 三個能讓你跟家人、同事和客戶更團結一心的方法。

然後，撕下這幾頁（或是影印下來），放在皮夾裡，或是貼在車子的儀表板上，或是放在任何一個每天都會固定看到的地方。就從今天開始，在接下來的人生中，重新展開一場刺激的冒險越野賽吧！

國家圖書館出版品預行編目(CIP)資料

極限領導學 / 羅蘋.班妮卡莎(Robyn Benincasa)作 ;
黃書英譯. -- 初版. – 台北市 : 沐風文化, 2018.08
面 ; 公分. -- (補給小站 ; 18)
譯自: How winning works: 8 essential leadership lessons
from the toughest teams on earth

ISBN 978-986-95952-1-6 (平裝)

1. 企業領導 2.組織管理

494.2 107003529

補給小站 018

極限領導學

How Winning Works

作　　者　蘿蘋・班妮卡莎 Robyn Benincasa
譯　　者　黃書英
編　　輯　黃品瑜
封面設計　李佳靜
內文排版　柏羽數位科技有限公司

發 行 人　顧忠華
總 經 理　張靖峰
出　　版　沐風文化出版有限公司
地　址：100 台北市中正區泉州街 9 號 3 樓
電　話：(02) 2301-6364
傳　真：(02) 2301-9641
讀者信箱：mufonebooks@gmail.com
沐風文化粉絲頁：https://www.facebook.com/mufonebooks

總 經 銷　紅螞蟻圖書有限公司
地　址：114 台北市內湖區舊宗路 2 段 121 巷 19 號
電　話：(02) 2795-3656
傳　真：(02) 2795-4100
E-mail：red0511@ms51.hinet.net

排版印製　龍虎電腦排版股份有限公司
出版日期　2018 年 8 月 初版一刷
定　　價　300 元
I S B N　978-986-95952-1-6（平裝）